ボイラー技士合格テキスト

コンデックス情報研究所　編著

成美堂出版

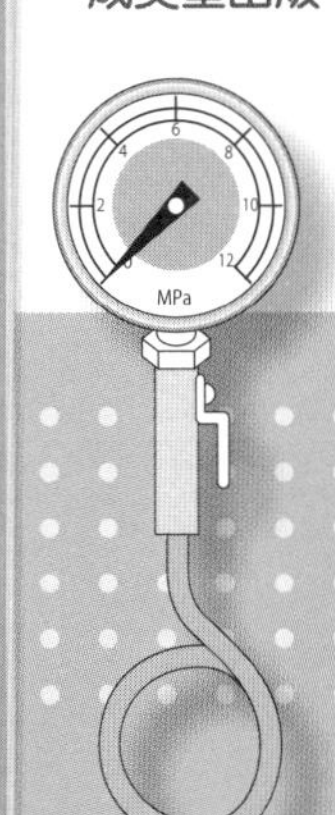

本書の使い方

本書は、2級ボイラー技士試験に合格するための基礎知識が、ステップアップして学べるように構成されています。各章の冒頭「まず、これだけ覚えよう！」で概要をつかんだら、「必ず覚える基礎知識はこれだ！」→「出題されるポイントはここだ！」で、確実に基礎力を身につけます。さらに、「ここも覚えて点数UP！」「こんな選択肢は誤り！」でプラスαの実力もつきます。

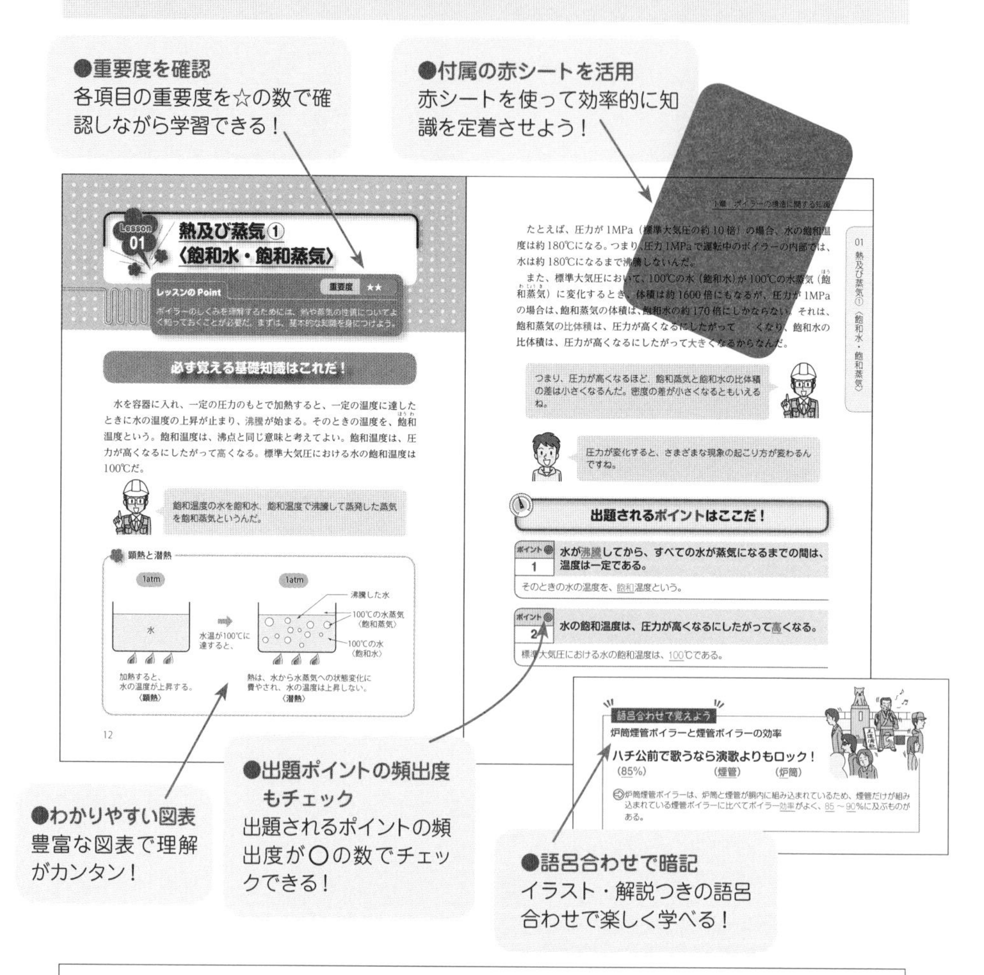

本書は原則として、2024年2月1日現在の情報に基づいて編集しています。内容については、原則として、（一社）日本ボイラ協会発行の『2級ボイラー技士教本（改訂6版）』に基づいています。

いちばんわかりやすい！
2級ボイラー技士 合格テキスト

CONTENTS

1章 ボイラーの構造に関する知識

CONTENTS

2章　ボイラーの取扱いに関する知識

3章　燃料及び燃焼に関する知識

4章　法令関係

2級ボイラー技士 試験ガイダンス

「2級ボイラー技士」は、定められたボイラーの取扱いに必要な国家資格です。ボイラーの技術者としてはもちろん、特級や1級ボイラー技士へのステップアップとしても活用できます。

1 「2級ボイラー技士」の役割

2級ボイラー技士の資格は労働安全衛生法に基づく国家資格で、病院、学校、ビルなどさまざまな場所で、資格の必要なボイラーを取り扱い、点検、安全管理を行うことができます。特級ボイラー技士、1級ボイラー技士の資格取得にも必要な資格です。

2 「2級ボイラー技士」試験の受験方法

●受験資格

年齢や経験、学歴などを問わず、だれでも受験できます。受験の申請には本人確認証明書の添付が必要です。

【本人確認証明書】

受験申請書に必要な本人確認証明書（氏名、生年月日及び住所を確認できる書類）は、以下の①～⑤の書類のいずれか一つを添付します。

なお、受験資格・免除資格の証明のため事業者証明書又は各センターで発行した免許試験結果通知書・受験票のいずれかを添付する場合は、本人確認証明書は不要です。

①住民票又は住民票記載事項証明書（個人番号（マイナンバー）が記載されていないもの）

②健康保険被保険者証の写し（表裏）

③労働安全衛生法関係各種免許証の写し（表裏）

④自動車運転免許証の写し（表裏）

⑤その他氏名、生年月日及び住所が記載されている身分証明書等の写し（「個人カード」をコピーする場合は、個人番号が記載されている「個人番号カード」の裏面をコピーしないでください。なお、個人番号を記載した「通知カード」は、身分証明書ではありません。

※この本人確認証明書に限り、写しには「原本と相違ないことを証明する。」との事業者の原本証明は不要です。

（注）住所の記載がない書類の場合は、他に本人の氏名と住所が記載された郵便物等

のコピーの添付が必要です。③の「労働安全衛生法関係各種免許証の写し」で住所変更をした場合も同様です。

（注）実技教習（技能講習）修了証は、本人確認証明書にはなりません。

●試験の実施方法

試験は、試験実施機関である（公財）安全衛生技術試験協会の全国８か所の支所（安全衛生技術センター）で、１か月に１～２回程度行われます。そのほか、各都道府県で、年１回程度の出張特別試験も行われます。

●試験手数料

試験手数料は 8,800 円です。

●試験の申込み方法

受験申請書を用意

↓

- 「免許試験受験申請書」は、（公財）安全衛生技術試験協会本部、各安全衛生技術センターなどで配布。

受験申請書を作成

↓

- 添付書類、試験手数料、証明写真（30mm×24mm）

受験申請書を提出

- 各安全衛生技術センターに提出（出張特別試験については提出先・受付期間が地区ごとに異なります）

なお、試験に関する詳細な情報は、試験実施機関等でご確認ください。

●試験に関する問合せ先

（公財）安全衛生技術試験協会

〒101-0065　東京都千代田区西神田 3-8-1　千代田ファーストビル東館 9 階

（TEL）03-5275-1088　（HP アドレス）https://www.exam.or.jp/

3 「2級ボイラー技士」の試験について

●試験科目と出題形式

筆記試験は以下の①～④の4科目について行われ、各科目10問（100点）ずつ、計40問（400点満点）出題されます。

試験科目	出題内容	出題数（配点）
①ボイラーの構造に関する知識	熱及び蒸気、種類及び形式、主要部分の構造、附属設備及び附属品の構造、自動制御装置	10問（100点）
②ボイラーの取扱いに関する知識	点火、使用中の留意事項、埋火、附属設備及び附属品の取扱い、ボイラー用水及びその処理、吹出し、清浄作業、点検	10問（100点）
③燃料及び燃焼に関する知識	燃料の種類、燃焼方式、通風及び通風装置	10問（100点）
④関係法令	労働安全衛生法、労働安全衛生法施行令及び労働安全衛生規則中の関係条項、ボイラー及び圧力容器安全規則、ボイラー構造規格中の附属設備に関する条項	10問（100点）

解答は5つの選択肢から1つを選ぶマークシート方式で、試験時間は3時間です。合格基準は、科目ごとの得点が40%以上で、かつ、合計点が60%以上となっています。

本書の6～8ページについては、原則として2024年2月1日現在の情報に基づいて編集しています。試験に関する情報は変わることがありますので、受験する場合には、事前に必ずご自身で試験実施機関などの発表する最新情報をご確認ください。

いちばんわかりやすい！

2級ボイラー技士 合格テキスト

1章 ボイラーの構造に関する知識

1章のレッスンの前に

まず、これだけ覚えよう！

①温度の単位

日常的によく使われる温度の単位［℃］は、セルシウス（摂氏）温度といい、標準大気圧における水の凝固点、つまり、水が凍る温度を0℃とし、水の沸点、つまり、水が沸騰する温度を100℃としたものなんだ。その間を100等分した値が1℃となるわけだ。

ところで、温度にはもうひとつの重要な単位がある。それは、絶対温度といって、単位はケルビン［K］が使われるんだ。絶対温度を求めるのは簡単で、セルシウス温度の値に273（正確には273.15）を足せばよい。つまり、－273℃が0ケルビン［K］となるわけだ。

0ケルビン［K］は、理論上の最低の温度で、どんな物質も、それ以下の温度になることはないんだ。

②圧力の単位

物体の表面など、ある面に対しては、その両側から垂直に押しつける力が働いている。その力を圧力というんだ。圧力は、単位面積当たりに働く力で表される。単位はパスカル［Pa］だ。天気予報でよく耳にするヘクトパスカル［hPa］という単位は、パスカルの100倍で、つまり、100Pa＝1hPaとなる。ボイラーの圧力は非常に大きな値なので、通常、パスカルの100万倍のメガパスカル［MPa］という単位が使われる。

圧力のもうひとつの単位が気圧［atm］で、海面の標準大気圧を1atmとしたものだ。1atmは1,013hPa（約0.1MPa）に相当する。

③ 比体積と密度

1kg の蒸気が占める体積を比体積という。単位は［m^3/kg］だ。比体積は、蒸気の圧力や温度に応じて変化する。

密度とは、単位体積当たりの質量をいい、単位は［kg/m^3］。つまり、密度は比体積の逆数なんだ。

④ 熱量・比熱

熱の量を熱量という。単位はジュール［J］。標準大気圧において、1kg の水の温度を 1℃上げるためには、4.187kJ の熱量が必要だ。

一般に、物質 1kg の温度を 1K（1℃でも同じ）上げるために要する熱量を、その物質の比熱という。水の比熱は、4.187kJ/（kg・K）ということになる。比熱は物質によって異なり、比熱の小さい物質ほど温まりやすく、冷めやすい。水は比熱の大きい物質なので、比較的温まりにくく、冷めにくい物質といえるんだ。

⑤ 顕熱（けんねつ）・潜熱（せんねつ）

水に熱を加えると、水の温度が上がる。しかし、水の温度が（標準大気圧において）100℃に達すると、水が全部蒸発して水蒸気になるまで、温度は 100℃のままで変わらない。このように、物体に加えた熱は、物体の温度を上昇させるために費やされる場合と、物体の状態変化（上記の例では、液体から気体への変化）のために費やされる場合があり、前者を顕熱、後者を潜熱というんだ。

液体の蒸発のために費やされる潜熱は、蒸発熱ともいう。標準大気圧における水の蒸発熱は、1kg につき 2,257kJ だ。

ボイラーは、水を加熱して得られる蒸気、または温水を、さまざまな目的に利用する装置だよ。

熱及び蒸気①〈飽和水・飽和蒸気〉

レッスンのPoint　重要度 ★★☆

ボイラーのしくみを理解するためには、熱や蒸気の性質についてよく知っておくことが必要だ。まずは、基本的な知識を身につけよう。

必ず覚える基礎知識はこれだ！

水を容器に入れ、一定の圧力のもとで加熱すると、一定の温度に達したときに水の温度の上昇が止まり、沸騰が始まる。そのときの温度を、飽和(ほうわ)温度という。飽和温度は、沸点と同じ意味と考えてよい。飽和温度は、圧力が高くなるにしたがって高くなる。標準大気圧における水の飽和温度は100℃だ。

飽和温度の水を飽和水、飽和温度で沸騰して蒸発した蒸気を飽和蒸気というんだ。

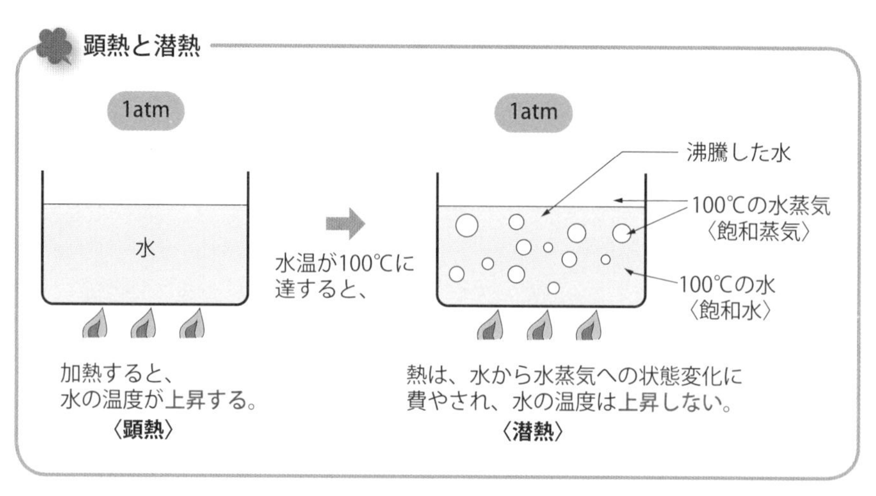

たとえば、圧力が1MPa（標準大気圧の約10倍）の場合、水の飽和温度は約180℃になる。つまり、圧力1MPaで運転中のボイラーの内部では、水は約180℃になるまで沸騰しないんだ。

また、標準大気圧において、100℃の水（飽和水）が100℃の水蒸気（飽和蒸気）に変化するとき、体積は約1600倍にもなるが、圧力が1MPaの場合は、飽和蒸気の体積は、飽和水の約170倍にしかならない。それは、飽和蒸気の比体積は、圧力が高くなるにしたがって小さくなり、飽和水の比体積は、圧力が高くなるにしたがって大きくなるからなんだ。

つまり、圧力が高くなるほど、飽和蒸気と飽和水の比体積の差は小さくなるんだ。密度の差が小さくなるともいえるね。

圧力が変化すると、さまざまな現象の起こり方が変わるんですね。

出題されるポイントはここだ！

ポイント◎1　**水が沸騰してから、すべての水が蒸気になるまでの間は、温度は一定である。**

そのときの水の温度を、飽和温度という。

ポイント◎2　**水の飽和温度は、圧力が高くなるにしたがって高くなる。**

標準大気圧における水の飽和温度は、100℃である。

ポイント◎ 3

飽和蒸気の比体積は、圧力が高くなるにしたがって小さくなる。

飽和蒸気の比体積は、圧力が高くなるにしたがって小さくなるが、飽和水の比体積は、圧力が高くなるにしたがって大きくなる。

ポイント◎ 4

水の蒸発熱は、圧力が高くなるにしたがって小さくなり、ある圧力を超えると 0 になる。

蒸発熱が 0 になる点を臨界点(りんかい)といい、そのときの圧力と温度を、臨界圧力、臨界温度という。

ポイント○ 5

わずかに水分を含んだ蒸気を湿り蒸気、水分を含まない蒸気を乾き飽和蒸気という。

湿り蒸気を加熱すると、飽和蒸気にわずかに混じっている飽和水がしだいに蒸発し、やがて乾き飽和蒸気になる。

ポイント○ 6

乾き飽和蒸気とは、乾き度が 1 の飽和蒸気である。

1kg の湿り蒸気に、$x$kg の乾き飽和蒸気と（1 − x）kg の水分が含まれているとき、x をその湿り蒸気の乾き度という。

通常、ボイラーから発生する蒸気は、乾き度 0.95 ～ 0.98 程度の湿り蒸気なんだ。

ポイント◎ 7

過熱蒸気と、同じ圧力の飽和蒸気の温度差を過熱度という。

乾き飽和蒸気をさらに加熱すると、飽和温度よりも高温の蒸気になる。その蒸気を、過熱蒸気という。

ここも覚えて 点数UP！

1kgの水や蒸気がもつ全熱量を、比エンタルピという。

飽和水の比エンタルピは、飽和水1kgの顕熱で、飽和蒸気の比エンタルピは、飽和水の顕熱に潜熱を加えた値である。

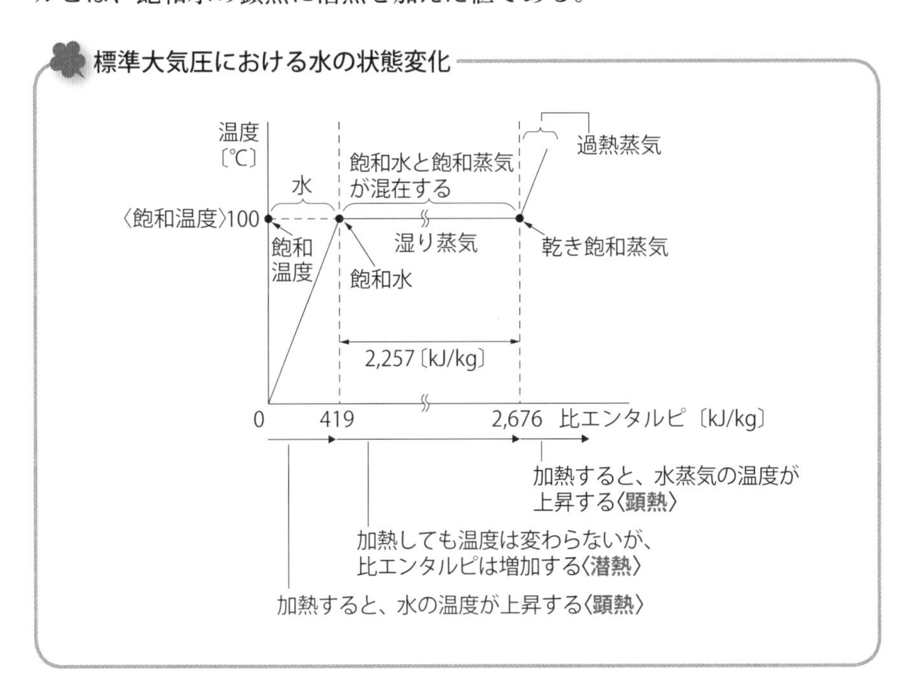

標準大気圧において、

20℃の水の比エンタルピは、20 × 4.187 ≒ 84［kJ/kg］

飽和水の比エンタルピは、100 × 4.187 ≒ 419［kJ/kg］

飽和蒸気の比エンタルピは、100 × 4.187 + 2,257 ≒ 2,676［kJ/kg］

飽和水と飽和蒸気の温度は同じだけれど、比エンタルピは、潜熱の分だけ飽和蒸気のほうが大きくなっているんだね。

熱及び蒸気②〈伝熱〉

レッスンのPoint　重要度 ★★☆

熱は、どのようにして物質から物質へと伝わるのだろうか。ボイラーを扱うためには、そのしくみをよく理解しておくことが重要だ。

必ず覚える基礎知識はこれだ！

伝熱とは、文字通り、熱が伝わること。自然状態において、熱は、温度の高い部分から温度の低い部分へと移動する。その現象を伝熱というんだ。そのときの熱の移動の仕方は、熱伝導、熱伝達、放射伝熱の３つに分けることができる。

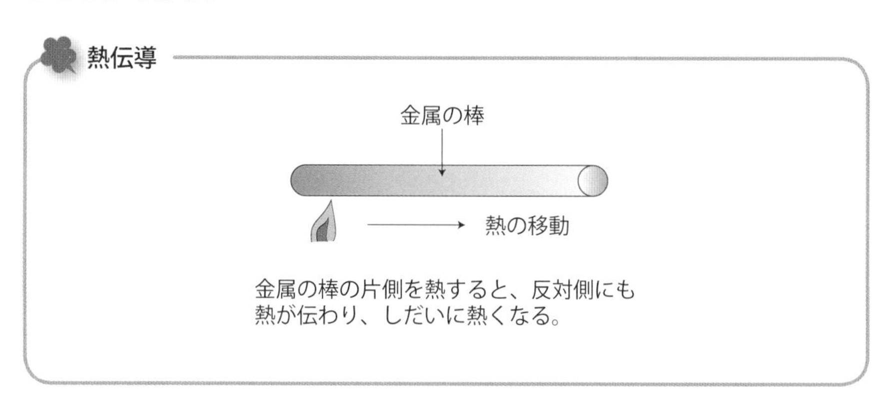

金属の棒の片側を熱すると、反対側にも熱が伝わり、しだいに熱くなる。

このように、温度が一定でない物体の内部で、温度の高い部分から温度の低い部分へと熱が伝わっていく現象を、熱伝導というんだ。

熱伝導は、じかに接触している異なる物質の間でも起きるよ。たとえば、使い捨てカイロを当てると身体が温まってくるのが熱伝導だ。

熱伝達

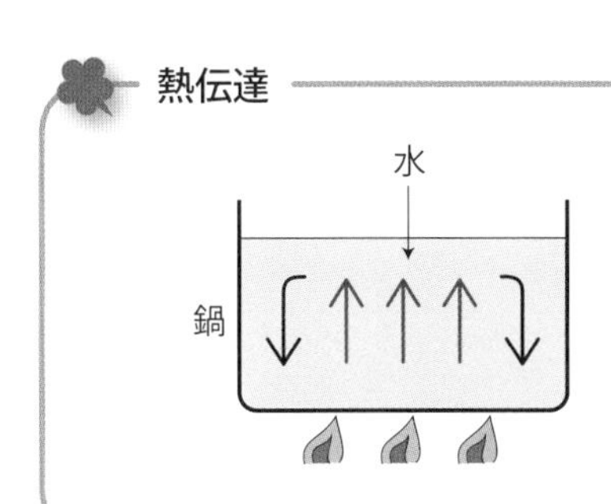

鍋に水を入れて加熱すると、鍋底の熱により温められた水は上部に移動し、上部からは、より低温の水が下りてくる。

このような水の動きを対流という。対流が起きることにより、鍋全体の水が均一に温められるんだ。

上図のように、流体、つまり、液体または気体の流れが、固体壁（この場合は鍋底）に接触することにより、固体壁と流体の間で熱が移動することを、熱伝達（または対流熱伝達）という。

放射伝熱

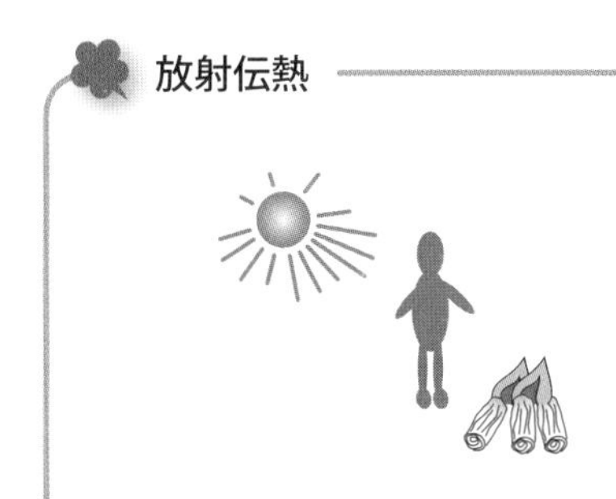

太陽の光を浴びたり、たき火やストーブの火に当たったりすると、身体が温まる。

このように、空間を隔てた物体間に伝わる熱の移動を、放射伝熱という。放射伝熱は、輻射伝熱とよばれることもあるんだ。

熱の伝わり方は３通りもあるのか。でも、温度の高い所から温度の低い所に熱が移動するのは、どれも同じだね。

熱貫流とは？

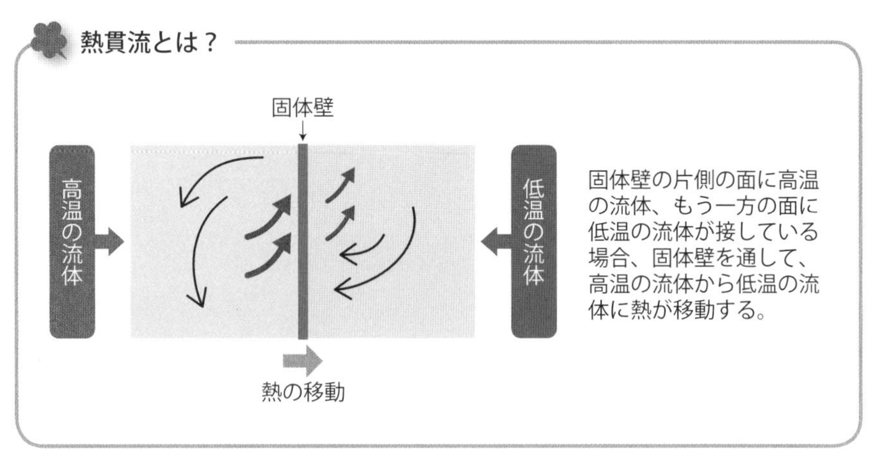

上図のような現象を、熱貫流（ねつかんりゅう）という。熱貫流は、流体と固体壁の間の熱伝達と、固体壁の内部の熱伝導からなるんだ。

ボイラー内部での熱の伝わり方には、熱伝導、熱伝達、放射伝熱のすべてがかかわっているんだ。

出題されるポイントはここだ！

ポイント◎ 1　温度が一定でない物体の内部で、温度の高い部分から温度の低い部分に熱が伝わっていく現象を、熱伝導という。

熱伝導は、物体の内部で熱が移動する現象で、物体そのものは移動しない。

ポイント◎ 2　流体が固体壁に接触することにより、固体壁と流体の間で熱が移動することを、熱伝達という。

熱伝達は、対流熱伝達ともいう。物体（流体）の移動を伴う現象である点が、熱伝導とは異なる。

ポイント◎ 3

空間を隔てた物体の間で起きる熱の移動を、放射伝熱という。

放射伝熱は、輻射伝熱ともいう。

ポイント◎ 4

固体壁を通して、高温の流体から低温の流体に熱が移動する現象を、熱貫流という。

熱貫流は、高温流体→固体壁→低温流体の順に熱が伝わる現象で、流体と固体壁の間の熱伝達と、固体壁の内部の熱伝導によって起こる。

ボイラーの内部では、燃料の燃焼により生じた燃焼ガスの熱が、伝熱面を通してボイラー水に伝えられているんだ。これが熱貫流という現象だよ。

燃焼ガスが高温流体、伝熱面が固体壁、ボイラー水が低温流体ということですね。

ここも覚えて 点数UP！

熱伝導率は、熱伝導の程度を表す値である。

熱伝導は、物体の内部に温度差があるとき、温度の高い部分から温度の低い部分に熱が伝わる現象だが、そのときの熱の伝わりやすさは、物質によって異なる。物質による熱伝導の程度は、熱伝導率という値で表される。熱伝導率は物質によって異なり、熱伝導率の大きい物質ほど熱が伝わりやすく、熱伝導率の小さい物質ほど熱が伝わりにくい。金属は一般に熱伝導率が大きく、水は熱伝導率の小さい物質だ。熱伝導率は、温度や圧力によっても変化する。

熱伝達率は、熱伝達の程度を表す値である。

熱伝達による熱の伝わりやすさは、熱伝達率という値で表される。熱伝達率は、流体の種類や、表面の状態、流れの状態、温度などによって変化する。

熱貫流率は、熱貫流の程度を表す値である。

熱貫流による熱の伝わりやすさは、熱貫流率という値で表される。熱貫流率は、熱通過率ともいい、両側の流体と固体壁の間の熱伝達率、固体壁の熱伝導率と壁の厚さによってきまる。

熱貫流率をきめる要因

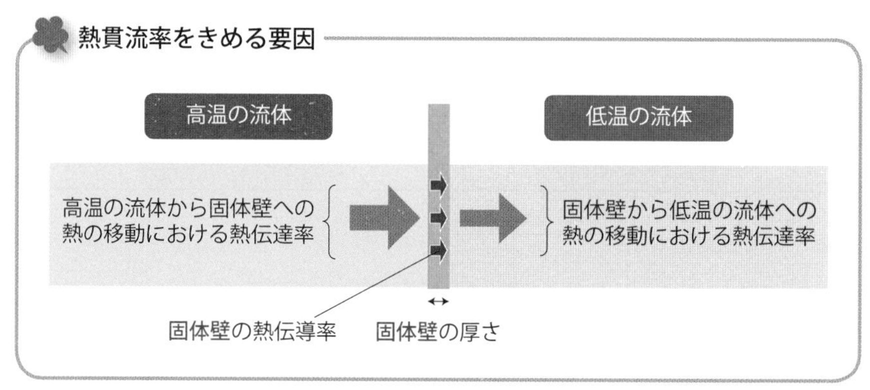

ボイラーのように熱を利用する装置では、熱をできるだけ効率よく、速やかに伝えることが必要なんだ。

だから、熱伝導率、熱伝達率、熱貫流率などの値が重要になるんですね。

Lesson 03

熱及び蒸気③〈ボイラーの水循環〉

レッスンのPoint 重要度 ★★☆

ボイラーを運転すると、ボイラーの内部で水が循環する。水の循環が起きるしくみと、ボイラーの種類による違いを覚えよう。

必ず覚える基礎知識はこれだ！

ボイラーは、燃料を燃焼して得られる高温の燃焼ガスによりボイラー水を加熱し、蒸気、または温水を作る装置だ。ボイラー水に熱を伝える部分を、ボイラーの伝熱面という。伝熱面に接触している水には熱が伝わり、水温が上昇して、飽和温度に達すると、飽和水と飽和蒸気になるんだ。

伝熱面で加熱された水は、密度が小さくなるので上昇する。そのため、ボイラー内には対流が起こり、自然に水が循環するんだ。これを、ボイラー水の自然循環という。

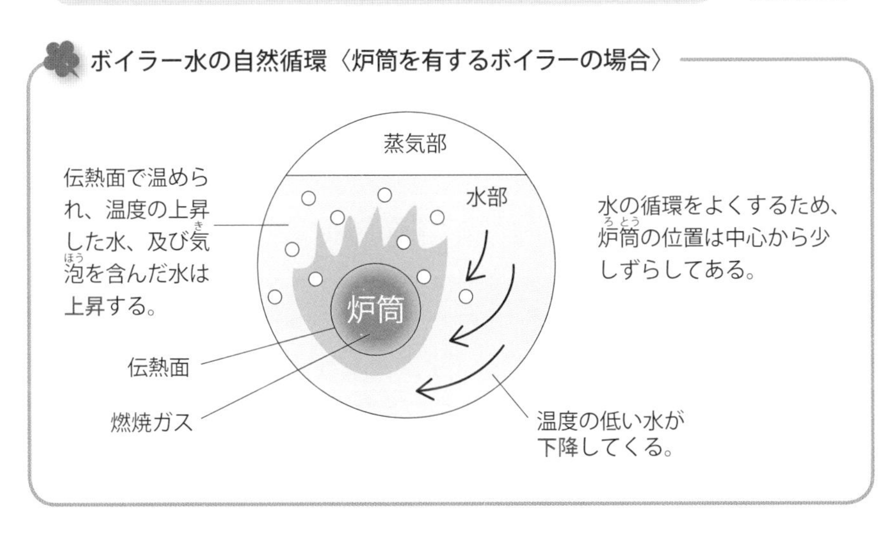

ボイラー水の自然循環〈水管ボイラーの場合〉

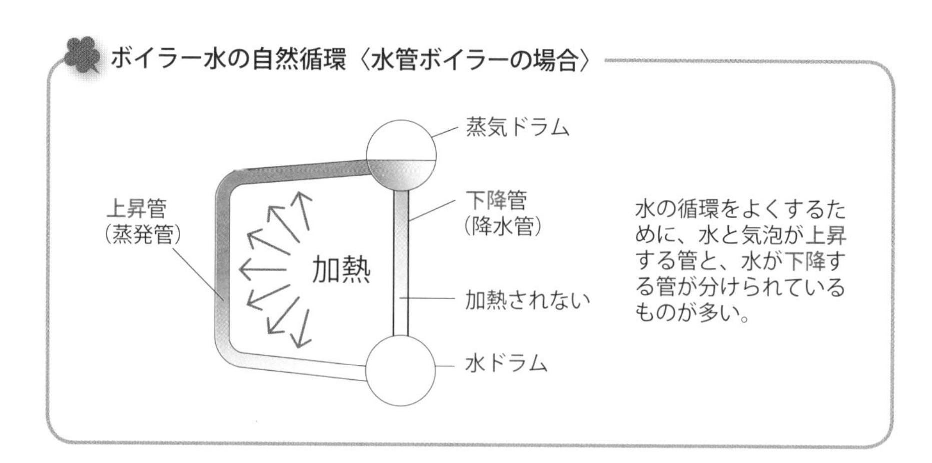

出題されるポイントはここだ！

ポイント◎ 1

ボイラー内では、自然に水の循環流ができる。

温度の上昇した水、気泡を含んだ水が上昇し、その後に温度の低い水が下降してくるため、自然に水が循環する。これを、ボイラー水の自然循環という。

ポイント◎ 2

水の循環がよいと、熱が十分に水に伝わり、伝熱面の温度は水温に近い温度に保たれる。

反対に、水の循環が不良であると、気泡の停滞などが生じ、伝熱面の焼損（しょうそん）、膨出などの原因になる。

ボイラー内で水がうまく循環することが、とても重要なんですね。

ポイント◎ 3

丸ボイラーは、伝熱面の多くがボイラー水中に設けられているので、水の対流が容易である。

そのため、丸ボイラーには、特別な水循環の系路を構成する必要はない。

ポイント◎ 4

水管（すいかん）ボイラーは、水の循環をよくするために、上昇管と下降管を区別して設けているものが多い。

水と気泡の混合体が上昇する管を、上昇管、または蒸発管といい、水が下降する管を、下降管、または降水管という。

ポイント◎ 5

自然循環式水管ボイラーは、高圧になるほど、蒸気と水の密度の差が小さくなるため、水の循環力が弱くなる。

圧力が高くなるにしたがって、飽和蒸気の比体積は小さくなるが、飽和水の比体積は大きくなる（p.13 参照）。したがって、密度差は小さくなる。

自然循環式水管ボイラーでは、水管内に蒸気が発生し、密度が減少することを利用してボイラー水を循環させるので、密度差が小さいと循環力が弱まるんだ。

こんな選択肢は誤り！

誤った選択肢の例

水管ボイラーは、高圧になるほど、蒸気と水の密度の差が~~大きくなる~~ため、水の循環力が増す。

高圧になるほど、蒸気と水の密度の差が小さくなるため、水の循環力が弱まる。

語呂合わせで覚えよう

自然循環式水管ボイラーの仕組み

お金を使うと上機嫌（じょうきげん）になるが、貯えは減る

（加熱）　（蒸気）　（密度）（減少）

自然循環式水管ボイラーは、加熱により水管内に発生する蒸気によって密度が減少することを利用し、ボイラー水が自然循環する仕組みとなっている。

ボイラーの構成

レッスンのPoint　重要度 ★☆☆

ボイラーを構成する、火炉や、ボイラー本体などの主要な部分が、それぞれどのような役割をもっているのかを理解しよう。

必ず覚える基礎知識はこれだ！

ボイラーは、燃料を燃焼し、熱を発生させる火炉（かろ）（燃焼室ともいう）、胴・ドラム・管類などからなるボイラー本体、ならびに、附属品、附属装置などで構成されているんだ。

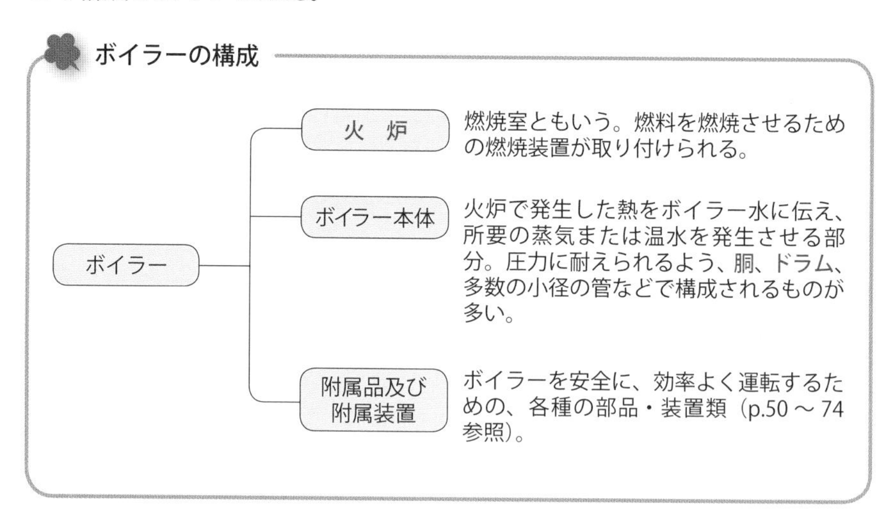

燃焼室は、ボイラー本体と一体に構成されることが多いんだ。丸ボイラーという分類に属するボイラーには、火炉が胴の中にあるものもあるよ。

出題されるポイントはここだ！

ポイント◎ 1
燃焼室に取り付けられる燃焼装置は、燃料の種類によって異なる。

燃料が、液体燃料、気体燃料、微粉炭（びふんたん）の場合はバーナ、一般固体燃料の場合は火格子（ひごうし）などが、燃焼装置として用いられる。

ポイント◎ 2
燃焼室は、供給された燃料を速やかに着火、燃焼させ、完全燃焼を行わせる部分である。

発生する可燃ガスと空気との混合接触を良好にし、完全燃焼を行わせる。

ポイント◎ 3
燃焼室は、加圧燃焼方式の場合は、気密構造になっている。

燃焼室内の圧力を大気圧よりも高くしてボイラーを運転する、加圧燃焼方式が一般的になっている。その場合、燃焼室を気密構造にする必要がある。

ここも覚えて 点数UP！

ボイラー本体のうち、燃焼室で発生した熱を受け、その熱を水や蒸気に伝える部分を、伝熱面という。

燃焼室に直面している伝熱面は、火炎などから強い放射熱を受けるので、放射伝熱面という。一方、燃焼室から出た高温ガスの通路に配置される伝熱面は、主に高温ガスとの接触により熱を受けるので、接触伝熱面、または対流伝熱面という。

接触伝熱面では、固体壁を通して、高温の流体（ガス）から低温の流体（ボイラー水）に熱が伝わる。つまり、熱貫流（p.18 参照）が起きているわけだ。

ボイラーの容量及び効率

レッスンのPoint 重要度 ★★★

ボイラーの容量（能力）を表す換算蒸発量と、ボイラーの性能を表すボイラー効率。この2つの数値の意味をしっかり覚えておこう。

必ず覚える基礎知識はこれだ！

ボイラーの容量（能力）は、最大連続負荷の状態で1時間に発生する蒸気の量（蒸発量）で示される。けれども、実際に蒸気の発生に要する熱量は、蒸気の圧力、温度、給水の温度によって異なるので、同じ条件で比較することはむずかしい。そのため、ボイラーの容量は換算蒸発量という数値で示されることが多いんだ。

換算蒸発量を求める式

$$Ge = \frac{G\,(h_2 - h_1)}{2{,}257}\ [\mathrm{kg/h}]$$

Ge：換算蒸発量
G ：実際蒸発量［kg/h］
h_1 ：給水の比エンタルピ［kJ/kg］
h_2 ：発生蒸気の比エンタルピ［kJ/kg］

※分母の2,257という数値は、標準大気圧における水の蒸発熱2,257［kJ/kg］、つまり、100℃の飽和水を蒸発させて100℃の飽和蒸気にするのに必要な熱量だ。

換算蒸発量は、ボイラーの容量を、標準大気圧において100℃の水を蒸発させ、100℃の飽和蒸気にする能力に換算した値だよ。

ボイラー効率とは、全供給熱量に対する、発生蒸気の吸収熱量の割合をいう。ボイラー効率を求める場合、燃料の発熱量としては、一般に低発熱量を用いるけれど、高発熱量を用いる場合もあるんだ（低発熱量、高発熱量については p.162 ~ 163 参照）。

ボイラー効率を求める式

$$ボイラー効率 = \frac{G(h_2 - h_1)}{F \times H_l} \times 100\ [\%]$$

G ：実際蒸発量［kg/h］
h_1 ：給水の比エンタルピ［kJ/kg］
h_2 ：発生蒸気の比エンタルピ［kJ/kg］
F ：燃料消費量（［kg/h］または［m^3_N/h］）
H_l ：燃料低発熱量（［kJ/kg］または［kJ/ m^3_N］）

ボイラー効率は、燃料の燃焼により発生した熱量のうち、何％が蒸気を発生させるために使われているかを表しているんですね。

その通り。ボイラー効率という言葉は、これからもよくでてくるので、その意味をしっかり理解しておこう。

ボイラーを運転する際に、燃料を燃焼させて生じた熱は、すべて蒸気（または温水）を発生させるために使われるのが、もちろん理想的なのだが、ボイラー本体からの放熱や、排ガスとともに失われる熱などがあるために、どうしても熱損失をゼロにすることはできない。しかし、その損失をできるかぎり少なくすることが、ボイラー効率を向上させることにつながるんだ。

最近の大型のボイラーでは、ボイラー効率が 95％程度に達しているものもある。ボイラー効率が向上すればするほど、燃料を節約できるので経済的だし、環境に与える影響も、より少なくなるんだ。

出題されるポイントはここだ！

ポイント◎ **1**

蒸気ボイラーの容量は、最大連続負荷の状態で、1時間に発生する蒸発量で示される。

蒸気の発生に要する熱量は、蒸気の圧力、温度、給水の温度によって異なるため、ボイラーの容量は、換算蒸発量によって示されることが多い。

ポイント◎ **2**

換算蒸発量は、給水から所要の蒸気を発生させるために実際に要した熱量を、2,257kJ/kg で除した値である。

2,257kJ/kg は、基準状態、すなわち、標準大気圧において 100℃の飽和水を蒸発させ、100℃の飽和蒸気とする場合の熱量である。

ポイント○ **3**

ボイラー効率とは、全供給熱量に対する発生蒸気の吸収熱量の割合である。

ボイラー効率の算定にあたっては、燃料の発熱量は、一般に低発熱量が用いられる。

換算蒸発量とボイラー効率、この2つの値の求め方と数値の意味をしっかり押さえておこう。

こんな選択肢は誤り！

誤った選択肢の例①

蒸気ボイラーの容量は、最大連続負荷の状態で、1時間に消費する~~燃料の量~~で示される。

蒸気ボイラーの容量は、最大連続負荷の状態で、1時間に発生する蒸発量で示される。

誤った選択肢の例②

換算蒸発量は、給水から所要の蒸気を発生させるために実際に要した熱量を、~~θ~~℃の水を蒸発させ、100℃の飽和蒸気にする場合の熱量で除した値である。

換算蒸発量は、給水から所要蒸気を発生させるのに要した熱量を、100℃の飽和水を蒸発させ、100℃の飽和蒸気とする場合に要する熱量2,257kJ/kgで除した値である。

誤った選択肢の例③

実際蒸発量を G [kg/h]、給水の比エンタルピを h_1 [kJ/kg]、発生蒸気の比エンタルピを h_2 [kJ/kg] としたとき、換算蒸発量 Ge は次の式で求められる。

$$Ge = \frac{G(h_1 + h_2)}{2,257} \text{ [kg/h]}$$

上記の条件では、換算蒸発量を求める式は、$Ge = \frac{G(h_2 - h_1)}{2,257}$ [kg/h] となる。分子の $(h_1 + h_2)$ の部分が誤りで、$(h_2 - h_1)$ が正しい。

2,257kJ/kgという値がよくでてきますね。

そう、これは、標準大気圧において100℃の飽和水を100℃の飽和蒸気にするのに必要な潜熱の値だ（p.11参照）。重要な値なので、数字を覚えておくのもいいかもしれないね。

丸ボイラー

レッスンのPoint

重要度 ★★☆

丸ボイラーの中では、現在最も普及している炉筒煙管ボイラーが特に重要。丸ボイラーと水管ボイラーとの違いも押さえておこう。

必ず覚える基礎知識はこれだ！

現在使用されているボイラーは、丸ボイラー、水管（すいかん）ボイラー、鋳鉄製（ちゅうてつせい）ボイラー、特殊ボイラーの４種類に大きく分けられる。さらに、ボイラーの形式により細かく分類すると、下の表のようになる。

ボイラーの種類

種　類	形　　式
丸ボイラー	①立てボイラー・立て煙管ボイラー ②炉筒ボイラー ③煙管ボイラー ④炉筒煙管ボイラー
水管ボイラー	①自然循環式水管ボイラー ②強制循環式水管ボイラー ③貫流ボイラー
鋳鉄製ボイラー	鋳鉄製組合せボイラー
特殊ボイラー	①廃熱ボイラー ②特殊燃料ボイラー ③熱媒ボイラー ④その他（電気ボイラーなど）

鋳鉄製ボイラー以外のボイラーは鋼製（こうせい）、つまり、鋼鉄（こうてつ）で造られているんだ。

丸ボイラーは、径の大きい円筒形の胴の内部に、炉筒（ろとう）、火室（かしつ）、煙管（えんかん）などを設けたボイラーだ。構造が簡単なので、圧力 1MPa 程度かそれ以下で、蒸発量 10t/h 程度までのボイラーとして広く用いられているが、高圧用のボイラーや、容量の大きいボイラーには適さないんだ。丸ボイラーには、炉を胴内に設けた内だき式と、炉を胴の外部に設けた外だき式がある。

丸ボイラーの種類

形　式	特　　徴
立てボイラー 立て煙管ボイラー	胴を直立させ、その底部に火室を設けたボイラー。床面積が小さくてすむが、伝熱面積を広くとれないので、小容量のものに限られる。近年は、ボイラー効率の高い小型水管ボイラーが出現したため、新たに設置される例は少なくなっている。
炉筒ボイラー	円筒形の胴内に、胴を貫通する 1 本、または 2 本の炉筒を設けたボイラー。工場用として広く使用されてきたが、近年は、より性能のよい他の形式のボイラーが普及したため、新たに設置されることはほとんどない。
煙管ボイラー	伝熱面の増加を図るため、胴の内部に、燃焼ガスの通路となる多数の煙管を設けたボイラーで、ほぼ水平に置かれた胴の下部にれんが積みの燃焼室を設けた、外だき横煙管ボイラーが代表的である。
炉筒煙管ボイラー	胴の内部に、径の大きい波形炉筒と煙管群を組み合わせた、内だき式のボイラー。煙管ボイラーよりもボイラー効率がよく、85 ～ 90%に及ぶものもある。圧力 1MPa 程度までの、工場用、暖房用ボイラーとして広く用いられている。

出題されるポイントはここだ！

ポイント◎ 1　丸ボイラーは、水管ボイラーと比較して、構造が簡単である。

丸ボイラーは、水管ボイラーと比較すると、構造が簡単で、設備費が安く、取扱いが容易である。

ポイント◎ 2 **丸ボイラーは、水管ボイラーと比較して、伝熱面積当たりの保有水量が大きい。**

伝熱面積当たりの保有水量が大きいので、起動してから所要圧力の蒸気を発生するまでに長時間を要する。

ポイント◎ 3 **丸ボイラーは、水管ボイラーと比較して、破裂の際の被害が大きい。**

伝熱面積当たりの保有水量が大きいので、破裂の際の被害が大きい。

ポイント◎ 4 **丸ボイラーは、水管ボイラーと比較して、負荷の変動による圧力の変動が少ない。**

丸ボイラーは、伝熱面積当たりの保有水量が大きいので、水管ボイラーと比較すると、負荷の変動による圧力の変動が少ない。

ここも覚えて 点数UP！

丸ボイラーの中で、現在最もよく使用されているのが炉筒煙管ボイラーだ。炉筒煙管ボイラーに関する問題はよく出題されるので、くわしく説明するよ。

炉筒煙管ボイラーには、以下のような特徴がある。

- 内だき式ボイラーで、径の大きい波形炉筒と煙管群を組み合わせてつくられている。
- 加圧燃焼方式や、戻り燃焼方式を採用して、燃焼効率を高めているものがある。
- 煙管には、伝熱効果の大きいスパイラル管が用いられることが多い。

※加圧燃焼方式：空気を送り込んで炉内の圧力を高めることにより、燃焼室の熱負荷を高くして、燃焼効率をよくする方式。
※戻り燃焼方式：燃焼ガスをボイラーの端部で反転させることにより、燃焼効率をさらに高める方式。

炉筒煙管ボイラーの基本構造

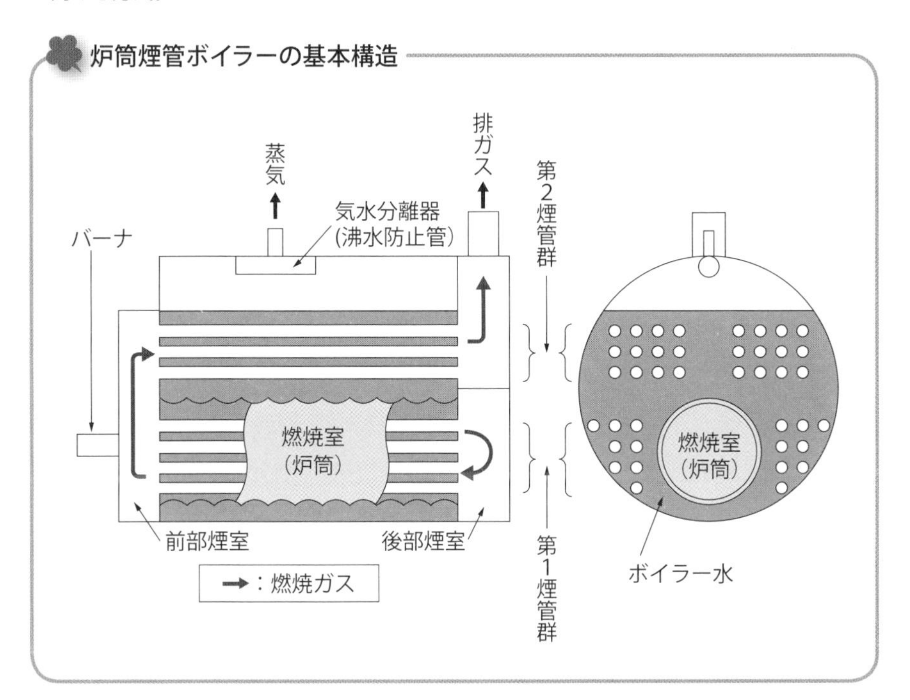

語呂合わせで覚えよう

炉筒煙管ボイラーと煙管ボイラーの効率

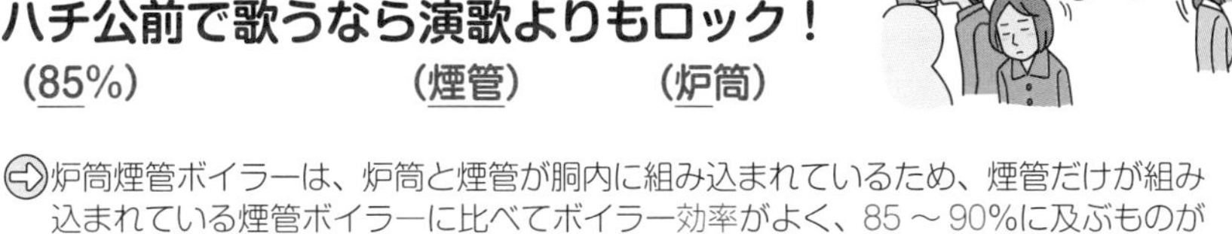

ハチ公前で歌うなら演歌よりもロック！
(85%)　(煙管)　(炉筒)

➡炉筒煙管ボイラーは、炉筒と煙管が胴内に組み込まれているため、煙管だけが組み込まれている煙管ボイラーに比べてボイラー効率がよく、85～90%に及ぶものがある。

水管ボイラー

レッスンの Point　重要度 ★★☆

丸ボイラーと比較した水管ボイラーの特徴を押さえよう。よく出題される貫流ボイラーについても、しっかり覚えよう。

必ず覚える基礎知識はこれだ！

水管（すいかん）ボイラーは、一般に、蒸気ドラム、水ドラムと、多数の水管からなり、水管内で蒸発が行われる。高圧にも適し、大容量のものも作ることができるんだ。水管ボイラーは、ボイラー水の流動方式により、自然循環式、強制循環式、貫流式の３つに分類される。

水管ボイラーの種類

ボイラー水の流動方式	特　　徴
自然循環式	加熱により水管内に蒸気が発生し、密度が減少することを利用して、ボイラー水を自然循環させる方式。水管ボイラーでは最も広く用いられている。立て水管式ボイラー、二胴形水管ボイラー、放射形ボイラーなどの形式がある。
強制循環式	循環ポンプの駆動力を利用してボイラー水を循環させる方式。ボイラー内部が高圧になるほど、蒸気と水の密度差が小さくなるため、自然循環力が弱くなることから、この方式が採用される。
貫流式	ドラムがなく、長い管系だけで構成される。給水ポンプにより管系の一端からボイラー水を押し込み、エコノマイザ、蒸発部、過熱部を貫流させ、他端から所要の蒸気を取り出す。

二胴形水管ボイラーのしくみ

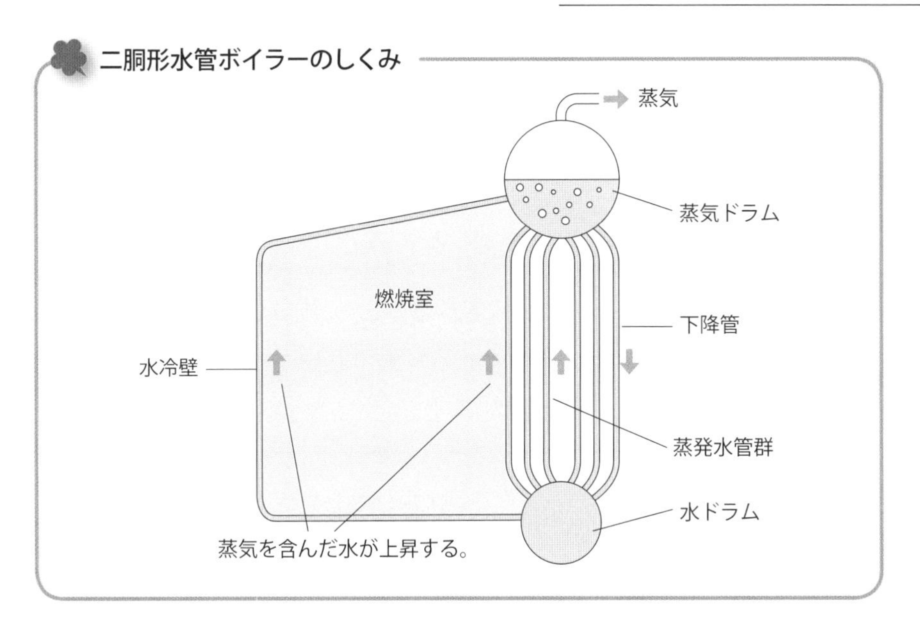

細い管の中で多量の蒸気が発生する水管ボイラーは、内部に蒸気が停滞したり、管の中が蒸気だけになったりすると、管が過熱し、焼損してしまうので、水をうまく流動させることが重要なんだ。

出題されるポイントはここだ！

ポイント◎ 1

水管ボイラーは、ボイラー水の流動方式により、自然循環式、強制循環式、貫流式の 3 つに分類される。

強制循環式は、ボイラー水の循環系路中に設けた循環ポンプにより、強制的にボイラー水を循環させる方式である。

ポイント◎ 2

二胴形水管ボイラーは、一般に蒸気ドラム、水ドラム各 1 個と、それらを連絡する水管群、水冷壁からなる。

二胴形水管ボイラーは、炉壁内面に水管を配した水冷壁と、上下ドラムを連絡する水管群を組み合わせた形式のものが一般的である。

ポイント○ 3

放射形ボイラーは、炉壁全面を水冷壁としたもので、蒸発部の接触伝熱面が少ない。

放射形ボイラーは、燃焼室が非常に高く、炉壁全面を水冷壁として火炎からの放射熱を利用するため、蒸発部の接触伝熱面（対流伝熱面）が少ない。

ポイント◎ 4

貫流ボイラーには、蒸気ドラム、水ドラムがない。

蒸気ドラム、水ドラムがなく、管系だけで構成されるので、高圧ボイラーに適している。

ポイント○ 5

水管ボイラーは、燃焼室を自由な大きさにできる。

燃焼室を自由な大きさにできるので、燃焼状態がよく、さまざまな燃料や燃焼方式に適応する。

ポイント◎ 6

水管ボイラーは、起動から所要の蒸気を発生するまでの時間が短い。

水管ボイラーは、丸ボイラーと比較すると、伝熱面積当たりの保有水量が少ないので、起動から所要の蒸気を発生するまでの時間が短い。

ポイント◎ 7

水管ボイラーは、負荷変動による圧力や水位の変動が大きい。

丸ボイラーと比較すると、伝熱面積当たりの保有水量が少ないので、負荷変動による圧力や水位の変動が大きい。

水管ボイラーは、伝熱面積を大きくすることができるので、一般に熱効率がよい。そのかわり、給水やボイラー水の管理には注意を要するよ。

ここも覚えて　点数UP！

貫流ボイラーは、伝熱面積当たりの保有水量が著しく少ないため、起動時間が短い。また、ドラムがなく、細い管だけで構成されているので、強度が高く、高圧大容量のボイラーに適しているんだ。

貫流ボイラーは、ドラムがなく、長い管系だけで構成されている。管の一端から給水ポンプによって押し込まれた水が、エコノマイザ→蒸発部→過熱部の順で貫流し、他端から蒸気として取り出されるしくみだ。貫流ボイラーには以下のような特徴がある。

- 細い管だけで構成されるので、高圧ボイラーに適する。
- 管を自由に配置できるので、全体をコンパクトな構造にできる。
- 伝熱面積当たりの保有水量が著しく少ないので、起動から所要蒸気を発生するまでの時間が（他の水管ボイラーよりもさらに）短い。
- 負荷の変動による圧力変動を生じやすいので、応答の速い給水量及び燃料量の自動制御装置を必要とする。
- 細い管内で給水の全部または大部分が蒸発するので、十分な処理を行った給水を使用する（不純物により管が詰まるおそれがあるため）。

貫流ボイラーの例（小容量単管式貫流ボイラー）

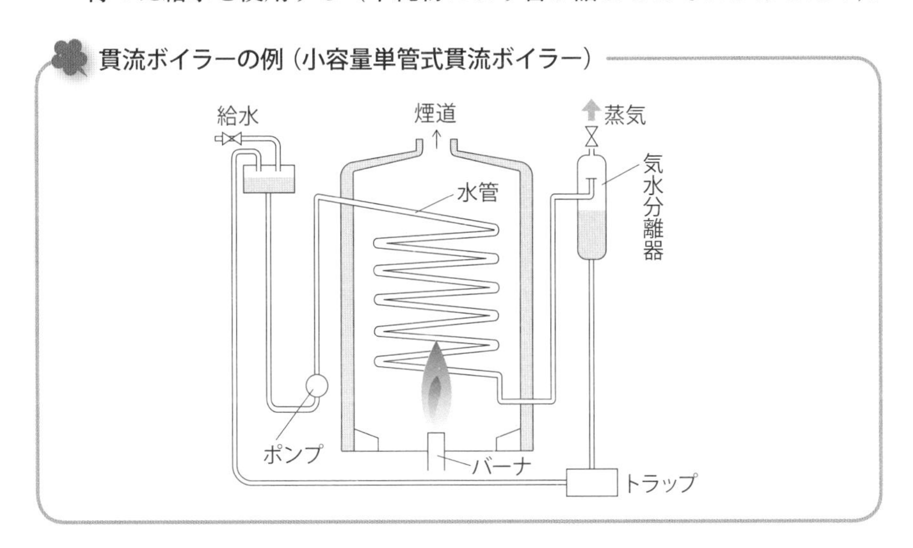

圧力が水の臨界圧力を超える超臨界圧力ボイラーには、すべて貫流式が採用されているんだって。

超臨界圧ボイラーは、熱伝達率が非常によいことが知られているよ。

超臨界とは

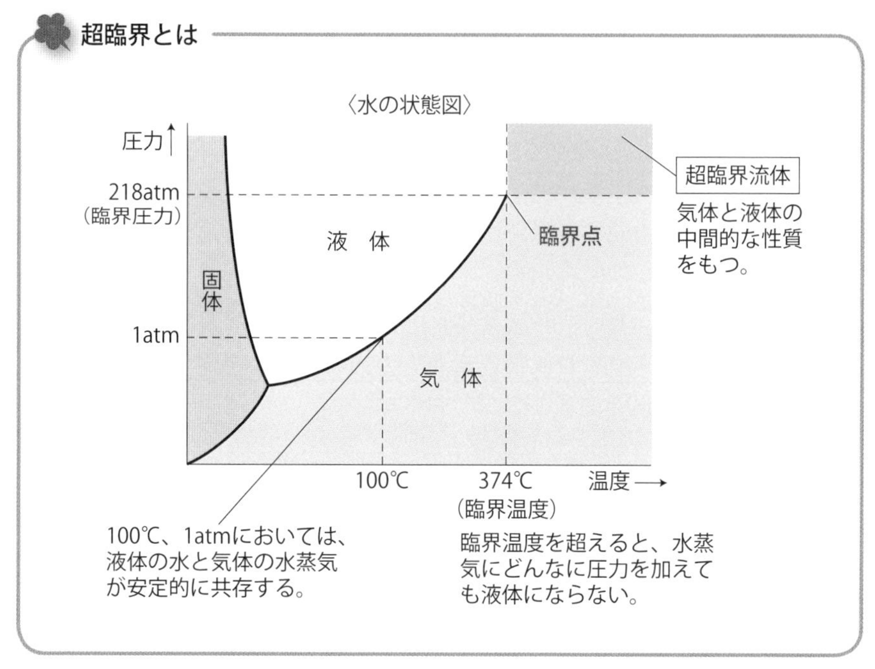

一般に、物質が固体・液体・気体のどの状態にあるかは、温度と圧力によってきまる。水の場合、1atm で 100℃を超えると気体になるが、100℃を超える温度でも、圧力を高くすれば液体になる。気体に圧力を加えると液体にできる最高の温度を臨界温度といい、そのときに必要な圧力を臨界圧力という。臨界圧力において、水の蒸発熱は 0 になる（p.14 参照）。

鋳鉄製ボイラー

レッスンのPoint　重要度 ★★☆

鋳鉄製ボイラーは、多くの点で、他の鋼製のボイラーとは異なる特徴をもっている。試験にもよく出題されるので、しっかり覚えよう。

必ず覚える基礎知識はこれだ！

鋳鉄製(ちゅうてつせい)ボイラーは、鋳鉄製のセクションを前後に並べて組み合わせたもので、主として暖房用の低圧の蒸気ボイラーや、温水ボイラーとして使用される。鋳鉄の性質上、鋼製(こうせい)のボイラーよりも強度が弱く、高圧、大容量には適さないが、腐食に強く、ボイラーの寿命が長いなどの利点もある。

鋳鉄製ボイラーのしくみ

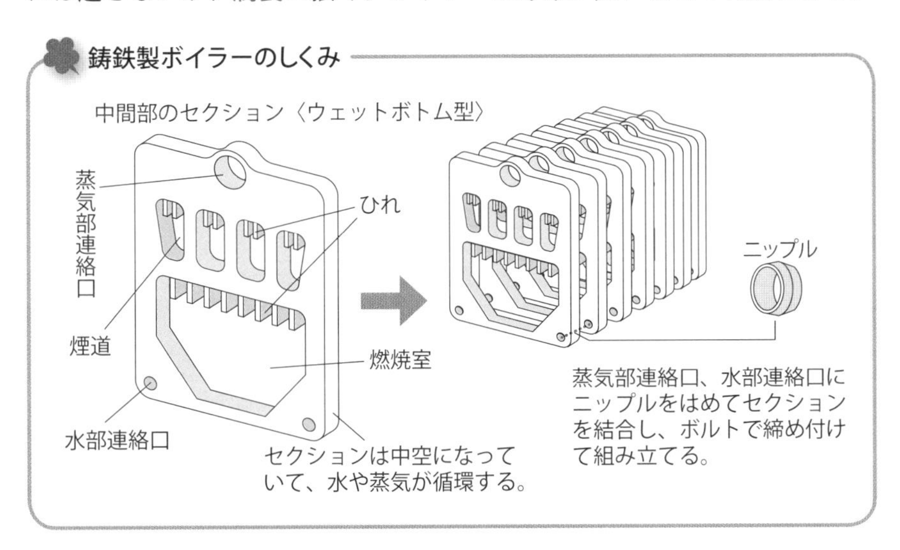

セクションの数を増減させることで、ボイラーの大きさを自由に変えることができるんだ。通常は、セクションの数は20くらいまで、伝熱面積は50m^{2}程度までだよ。

出題されるポイントはここだ！

ポイント◎ 1

鋳鉄製ボイラーは、蒸気ボイラーの場合、使用圧力が0.1MPa 以下に限られる。

温水ボイラーの場合は、使用圧力 0.5MPa 以下（破壊試験を行ったものは1MPa まで)、温水温度 120℃以下に限られる。

ポイント◎ 2

鋳鉄製ボイラーは、鋼製ボイラーに比べて強度が弱い。

鋳鉄は鋼よりもろく、熱による不同膨張によって割れを生じやすい。不同膨張とは、部分によって膨張の程度が異なることをいう。

ポイント◎ 3

鋳鉄製ボイラーは、鋼製ボイラーに比べて腐食に強い。

鋳鉄は、強度の面では鋼に劣るが、耐食性においてはすぐれている。

鋳鉄製ボイラーは、組立てや解体がしやすいことも大きな特徴だ。地下室のようなせまい場所に運び込んで組み立てることも、比較的簡単にできるよ。

ポイント◎ 4

鋳鉄製ボイラーには、ドライボトム形とウェットボトム形がある。

伝熱面積を増すために、ボイラー底部にも水を循環させるウェットボトム形が、現在は主流になっている。

ポイント○ 5

鋳鉄製ボイラーには、加圧燃焼方式を採用してボイラー効率を高めたものがある。

ウェットボトム形は、底部に耐火材を必要とせず、加圧燃焼方式（p.33 参照）を採用してボイラー効率を上げることができる。

ここも覚えて 点数UP！

鋳鉄製ボイラーの暖房用蒸気ボイラーの返り管の取り付けには、主にハートフォード式連結法が用いられる。

鋳鉄製ボイラーの暖房用蒸気ボイラーは、復水を循環使用するための返り管を備えている。給水管は、ボイラーに直接取り付けるのでなく、その返り管に取り付ける（p.235の図参照）。万一、返り管が空になっても、ボイラー内部には少なくとも安全低水面までボイラー水が残るようにするため、下図のような返り管の連結法（ハートフォード式連結法）がよく用いられる。

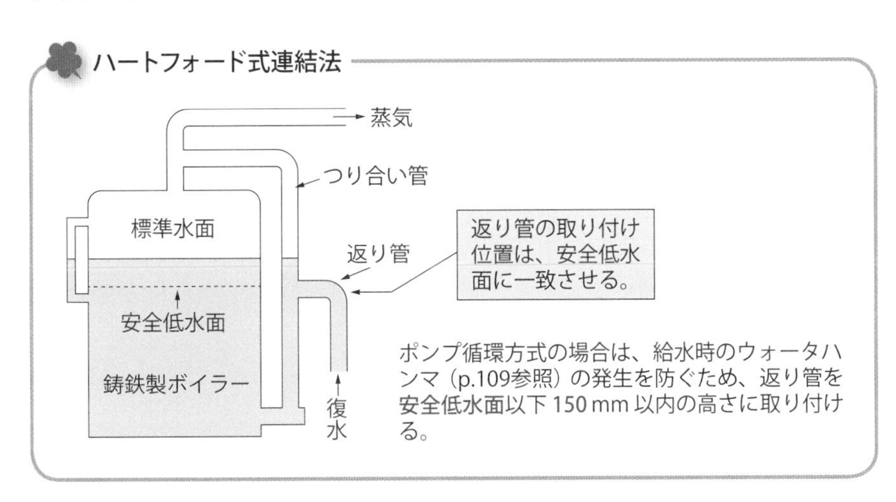

鋳鉄製ボイラーでは、多数のスタッドを取り付けたセクションにより、伝熱面積を増加させることができる。

鋳鉄製ボイラーでは、セクションとセクションの間にすき間が設けられている。燃焼室で発生した燃焼ガスはそのすき間を通って上昇し、上部の煙道に集まって後方に流れ、煙突から排出される。そのため、セクションの表面も伝熱面になる。セクションの表面に多数のスタッド（突起）を取り付けることにより、伝熱面積が増加し、ボイラー効率がよくなる。

ボイラー各部の構造と強さ①〈胴・ドラム・ステー〉

レッスンの Point　重要度 ★★☆

ボイラーの胴、ドラムの構造、鏡板の種類などを覚えよう。それらの部分に、どんな力が加わるのかを知っておくことも重要だ。

必ず覚える基礎知識はこれだ！

鋼製(こうせい)ボイラーの主要部分をなす胴、またはドラムは、円筒状に巻かれた鋼板の両端に、鏡板(かがみいた)を取り付けたものだ。円筒形にするのは、同じ材料、同じ厚さで作る場合、最も大きな強度を得られる形状だからなんだ。

このような円筒状の部分を、丸ボイラーでは胴といい、水管ボイラーの場合はドラム（蒸気ドラム、水ドラム）という。管系だけで構成される貫流ボイラーには、胴やドラムはないよ。

胴・ドラムの構造

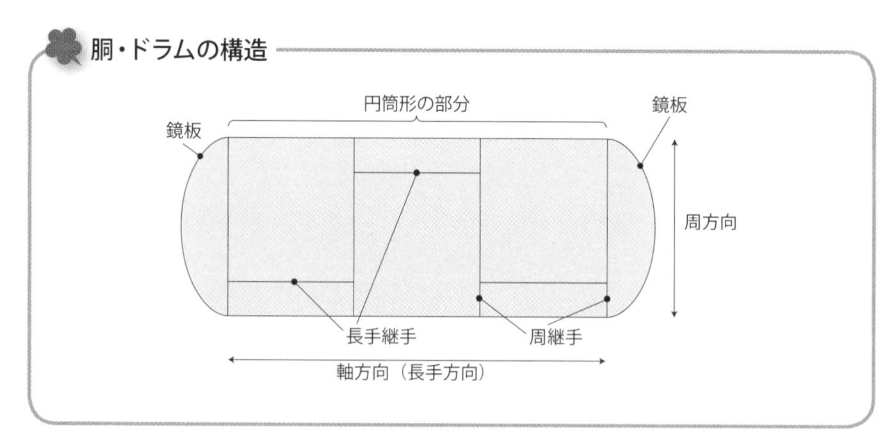

継手(つぎて)とは、部品どうしをつなぎ合わせるジョイントの部分をいう。鋼製ボイラーの胴・ドラムの継手は、現在はほとんど溶接(ようせつ)継手だ。

鏡板は、胴やドラムの両端を覆う部分で、煙管ボイラーのように管を取り付ける鏡板は、管板（くだいた）（「かんばん」とも）という。鏡板は、通常、1枚の鋼板から作られるんだ。鏡板の形状は、下図の4種類ある。一般には皿形鏡板が使用されるが、高圧ボイラーでは、半だ円体形鏡板や全半球形鏡板が用いられる。同じ材質、同じ径、同じ厚さで比較した場合の強度は、全半球形鏡板 ＞ 半だ円体形鏡板 ＞ 皿形鏡板 ＞ 平鏡板の順である。

鏡板の種類

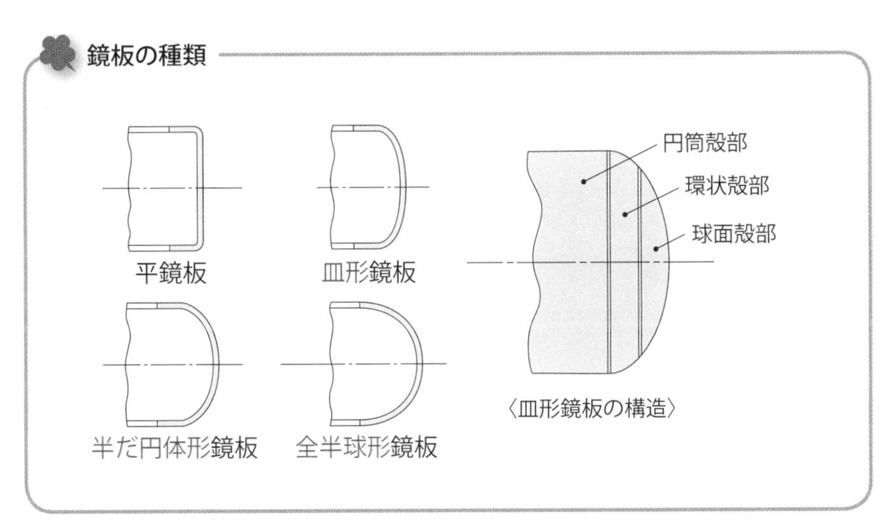

〈皿形鏡板の構造〉

出題されるポイントはここだ！

ポイント◎ 1　ボイラーの胴板の長手継手（ながてつぎて）には、周継手（しゅうつぎて）に必要とされる強度の2倍以上の強度が必要である。

胴板の周方向には、軸方向の2倍の引張応力が生じるので、周方向の力を受ける長手継手の強度は、周継手に必要とされる強度の2倍以上必要である。

言いかえると、周継手には、長手継手に必要とされる強度の1/2以上の強度があればよいということ。そちらの言い表し方で試験に出ることもあるよ。

ポイント◎ 2	**胴にだ円形のマンホールを設ける場合は、だ円の短径が胴の軸方向を向くように配置する。**

周方向の応力に対する強度の低下を抑えるため、だ円形のマンホールは短径を軸方向、長径を周方向に配置する。

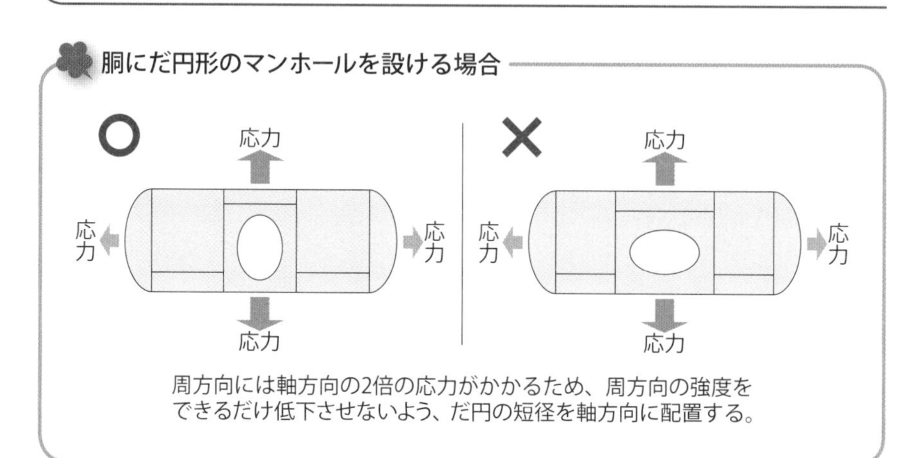

より強い力がかかる方向に対する強度を弱めないようにすることが大事なんですね。

そういうこと。万一、胴が破裂したら大事故につながるからね。

ここも覚えて 点数UP！

平鏡板を補強するステーには、管ステー、ガセットステーなどがある。

平鏡板には、ボイラー内部の圧力による曲げ応力がかかるので、大径のものや圧力の高いものには、ステーを取り付けて補強しなければならない。

管ステーは、肉厚の鋼管を、ねじ込み、もしくは溶接（ようせつ）により、管板に取り付けるもので、それ自体が煙管の役目もする。ガセットステーは、平板（ガセット板）によって鏡板を胴で支えるもので、通常は溶接により取り付ける。

管ステー取付けの端部処理（ねじによる取付けの場合）

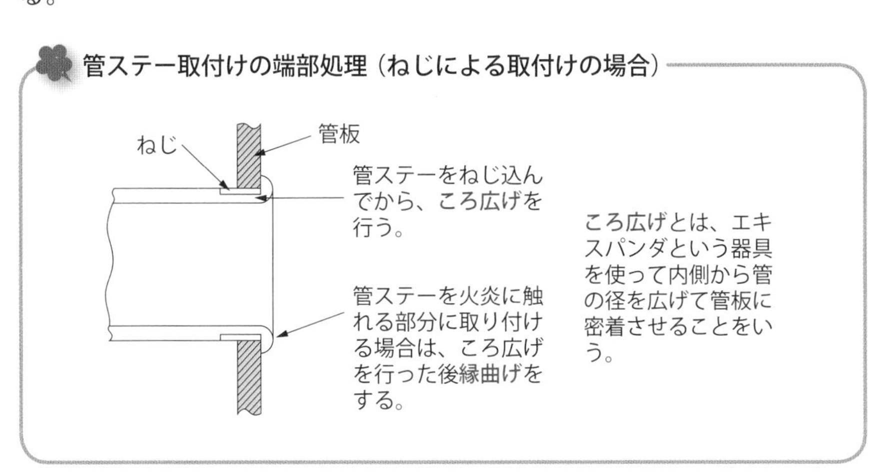

ガセットステーの取付け

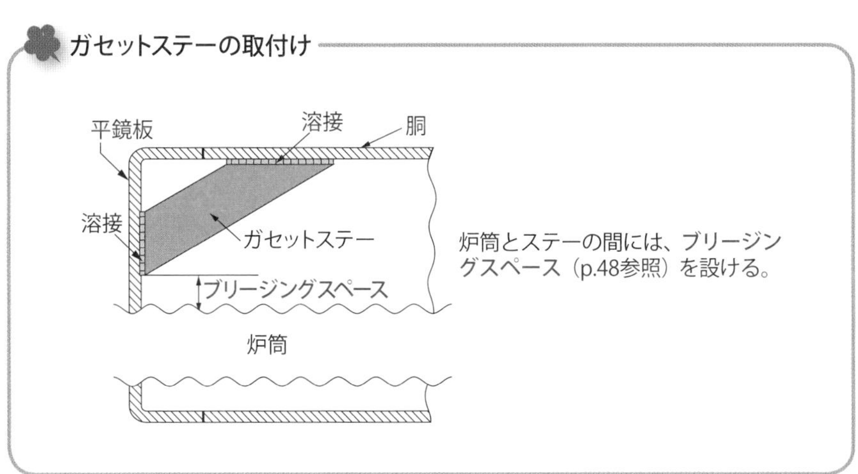

煙管ボイラーや炉筒煙管ボイラーの管板は、煙管のころ広げに要する厚さを確保するために、一般に平管板が用いられるんだ。

ボイラーの重要な部分の溶接継手は、突合せ両側溶接を行うのが原則である。

ボイラーに用いられる溶接継手は、主としてアーク溶接によるもので、突合せ継手、重ね継手などがある。ボイラーの胴板の溶接、胴と胴の溶接、胴と鏡板の溶接など、重要な部分の継手には、下図のような突合せ両側溶接を行うのが原則だ。重ね溶接は、溶接部に力が一直線に作用しないので強度が劣るが、強度的に特に支障のない部分は重ね溶接継手にすることが認められている。

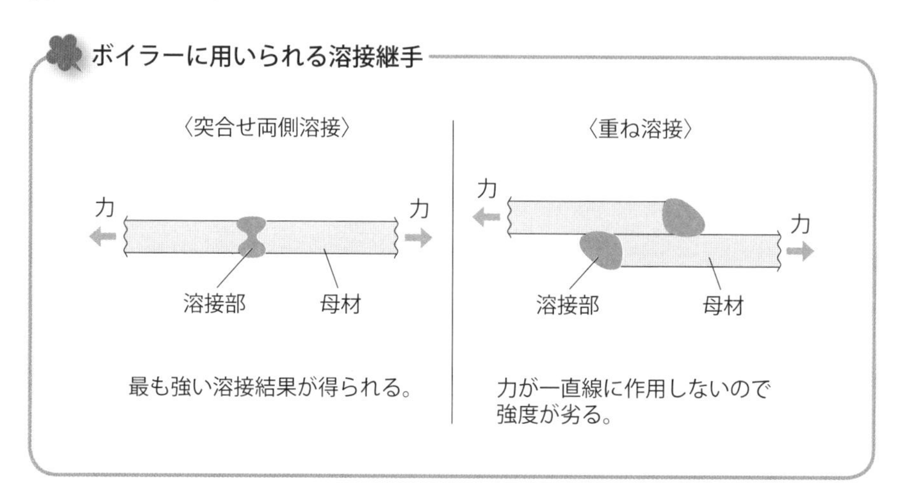

ボイラーの使用時は、胴や鏡板に大きな圧力がかかるので、溶接継手にはその圧力に十分耐えられるくらいの強度が要求されるんだ。

万一ボイラーの胴が破裂したら大きな事故につながりますから、溶接継手の強度はとても重要ですね。

Lesson 10

ボイラー各部の構造と強さ②〈炉筒及び火室〉

レッスンのPoint　重要度 ★★☆

炉筒は、ボイラー内部でも特に強い熱を受ける部分なので、熱による伸縮を吸収するためのさまざまな対策がなされているよ。

必ず覚える基礎知識はこれだ！

炉筒は、丸ボイラーの胴の内部に設けられ、燃焼室として使用される。炉筒ボイラーの場合は、炉筒は燃焼ガスの通路の役目もしているんだ。炉筒には、平形炉筒と波形炉筒がある。炉筒は、火炎や燃焼ガスからの強い熱を受ける部分なので、熱による伸縮に耐えられるように作らなければならないんだ。

一般に、炉筒ボイラー、炉筒煙管ボイラーのように、水平方向に設けられる円筒形のものを炉筒といい、立てボイラーの燃焼室は火室とよぶんだ。

平形炉筒と波形炉筒

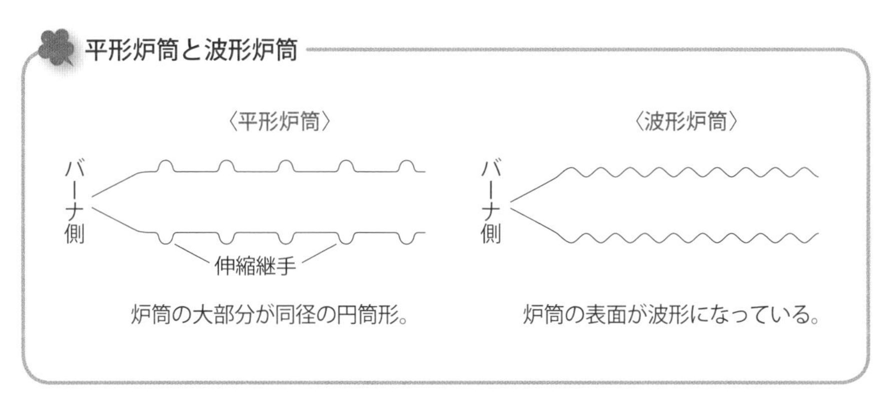

炉筒の大部分が同径の円筒形。　炉筒の表面が波形になっている。

ボイラーの運転中、炉筒は燃焼ガスにより加熱され、長手方向に膨張しようとするが、炉筒の両端は鏡板によって拘束されているため、炉筒板の内部には圧縮応力が生じる。この応力を緩和するために、炉筒の伸縮をできるだけ自由にしておく必要があるんだ。そのためには、鏡板にブリージングスペース（p.45 参照）を設け、炉筒を波形にするか、平形炉筒の場合は伸縮継手を設ける必要がある。

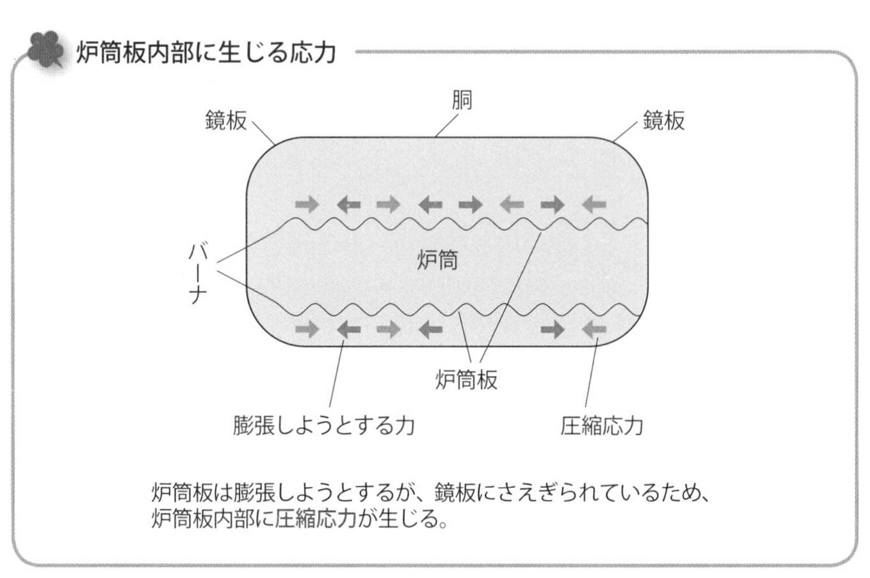

炉筒板は膨張しようとするが、鏡板にさえぎられているため、炉筒板内部に圧縮応力が生じる。

応力とは、物体に外部から力が加わったときに、その力に抵抗して、物体を元通りの形に保とうとする力のことだよ。

出題されるポイントはここだ！

ポイント◎ 1　炉筒が燃焼ガスによって加熱されると、炉筒板内部に圧縮応力が生じる。

炉筒は、加熱されると長手方向に膨張しようとするが、鏡板に拘束されているために、圧縮応力が生じる。

ポイント◎ 2

炉筒の伸縮をできるだけ自由にするため、鏡板には、ブリージングスペースを設ける。

炉筒にかかる圧縮応力を緩和し、熱による伸縮をできるだけ自由にするため、鏡板にブリージングスペース（p.45参照）を設ける。

ポイント◎ 3

波形炉筒は、平形炉筒に比べて、外圧に対する強度が大きい。

波形炉筒は、平形炉筒に比べて、熱による伸縮が自由で、伝熱面積を大きくすることができ、外圧に対する強度が大きいという長所がある。

ポイント◎ 4

波形炉筒の波形には、モリソン形、フォックス形、ブラウン形がある。

それぞれの波形の形状は、下図のとおりである。

モリソン形

フォックス形

ブラウン形

ここも覚えて 点数UP！

ボイラーに使用される管類は、配管と伝熱管に分類される。

煙管ボイラー、炉筒煙管ボイラーなどに用いられる煙管、水管ボイラーの水管、エコノマイザに使用されるエコノマイザ管、過熱器に使用される過熱管などは、熱を伝える役割をもつので、伝熱管に分類される。

ボイラーに給水を送る給水管、蒸気を送る蒸気管などは、配管に分類される。蒸気管のうち、ボイラーから蒸気の使用先に蒸気を送る管は、特に主蒸気管という。

附属品及び附属装置①〈計測器〉

レッスンのPoint 重要度 ★★☆

ボイラーにはさまざまな計測器が付いている。それらのしくみや、計測する対象とその目的などをよく理解することが重要だ。

必ず覚える基礎知識はこれだ！

ボイラーに使用する計測器には、圧力計、水面測定装置、流量計(りゅうりょうけい)、通風計などがある。いずれも、ボイラーを安全に運転するためになくてはならない重要なものなんだ。まずは、それぞれの計測器の役割を覚えよう。

ボイラーに使用する計測器

名　称	役　割
圧力計	ボイラー内部の圧力を正確に知るために使用する。一般に、ブルドン管圧力計が用いられる。
水面測定装置	ボイラー水の水位が常に安全な範囲に保たれるよう監視するために使用する。一般に、ガラス水面計を用いる。
流量計	ボイラー水の供給量や、燃料油の使用量などを知るために使用する。差圧式、容積式、面積式などがある。
通風計	炉内の通風力（ドラフト）を測定するために使用する。U字管式通風計が一般的である。

計測器類の中でも、ブルドン管圧力計、水面測定装置に関する問題は、試験によく出るよ。

圧力計として広く用いられているブルドン管圧力計には、断面が扁平（へんぺい）な形をした中空の管（ブルドン管）を円弧（えんこ）状に曲げたものが組み込まれている。ブルドン管の中の気体の圧力が上昇すると、ブルドン管が変形することを利用して圧力を計測するんだ。

水面測定装置としては、一般にガラス水面計が用いられる。丸形ガラス水面計、平形（ひらがた）反射式水面計、平形透視式水面計、二色水面計などの種類がある。

ブルドン管圧力計の構造

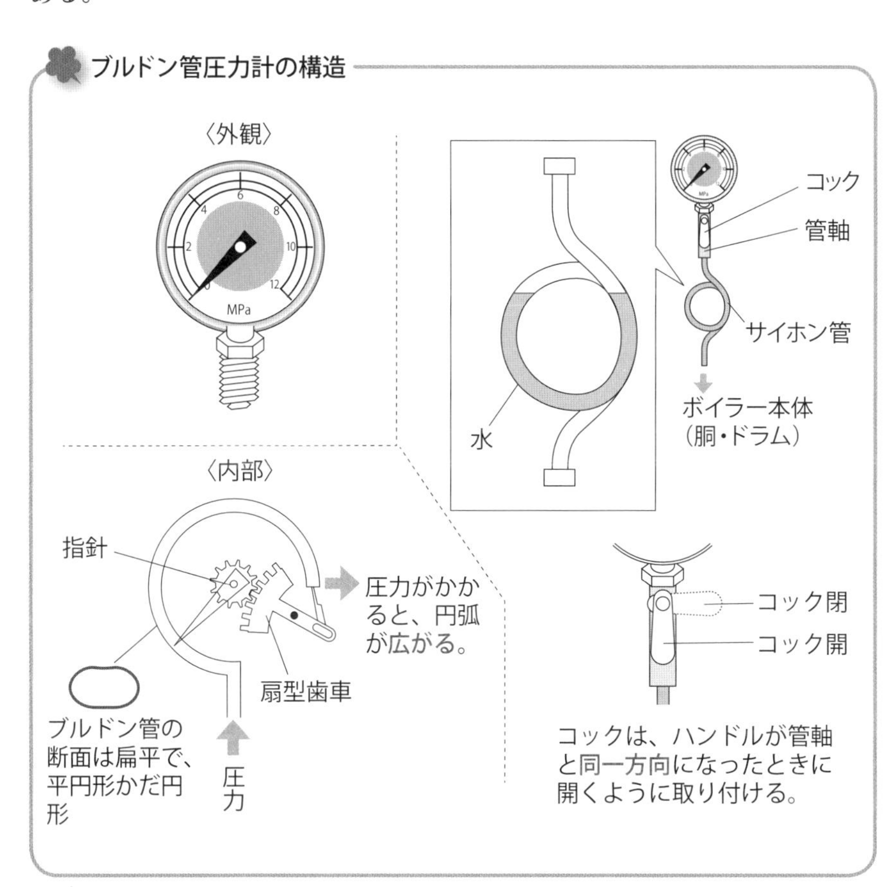

圧力がかかると、ブルドン管の円弧が広がり、その動きが扇型歯車などを伝わって針が動くしくみだね。

ガラス水面計の種類

種類	特徴
丸形ガラス水面計	上下のコックの間に丸形のガラス管を挿入したもので、主として最高使用圧力 1MPa 以下の丸ボイラーなどに用いられる。
平形反射式水面計	金属箱に組み込んだ平板ガラスの裏面に三角形の溝が付けられており、ガラスの前面から見ると、水のある部分は光が吸収され黒色に、蒸気のある部分は光が反射され白色に光って見える。
平形透視式水面計	平板ガラスの裏側から電灯で照らすことにより、水面がはっきり見えるようにしたもので、一般に高圧ボイラーに用いられる。
二色水面計	光線の屈折率の違いを利用したもので、蒸気部は赤色に、水部は緑色に見える。

出題されるポイントはここだ！

ポイント◎ 1

ブルドン管圧力計に用いられるブルドン管は、断面が扁平な管を円弧状に曲げ、一端を固定し、他端を閉じたものである。

ブルドン管の内部は中空になっていて、内部に圧力がかかると円弧が広がる。この動きを利用して圧力を測定する。

ポイント◎ 2

ブルドン管圧力計は、原則として、胴、または蒸気ドラムの一番高い位置に取り付ける。

蒸気がブルドン管に入ると、高温になり誤差が生じるおそれがあるため、圧力計と胴・ドラムの間には、水を入れたサイホン管などを取り付ける。

ポイント◎ 3

ブルドン管圧力計のコックは、ハンドルが管軸と同一方向になった場合に開くように取り付ける。

圧力計のコックまたは弁は、開閉状態を容易に知ることができるように取り付けなければならない。コックの場合は上記のように定められている。

弁やコックは、開閉状態がひと目でわかるようにしておかないと、点検もしにくいし、操作ミスも生じやすくなってしまうんだ。

ポイント◎ 4

貫流ボイラーを除く蒸気ボイラーには、原則として 2 個以上の水面計を取り付けなければならない。

水面計は、ボイラー本体または蒸気ドラムに直接取り付けるか、水柱管を設けて、これに取り付ける。

ポイント◎ 5

水面計は、可視範囲の最下部が安全低水面と同じ高さになるように取り付ける。

安全低水面とは、ボイラー使用中に維持しなければならない最低の水面をいう。

ポイント◎ 6

平形反射式水面計は、前面から見ると水部が黒色に見え、蒸気部は白色に見える。

平形反射式水面計は、平板ガラスを金属箱に組み込んだもので、ガラスの前面から見ると水部は黒色に、蒸気部は白色に光って見える。

ポイント○ 7

二色水面計は、蒸気部が赤色に、水部が緑色に見える。

二色水面計は、光線の屈折率の違いを利用したガラス水面計で、蒸気部は赤色に、水部は緑色に見える。

ここも覚えて 点数UP！

流量計は、ボイラー水の供給量や燃料油の使用量を知るためのもので、差圧式流量計、容積式流量計などがある。

流体が流れている管の中に絞りを挿入すると、入口と出口の間に圧力差が生じる。その圧力差は、流量の二乗に比例するので、圧力差を測定することにより、流量を知ることができる。差圧式流量計は、この原理を利用したものである。一方、容積式流量計は、下図のような構造で、流量が歯車の回転数に比例することを利用したものである。

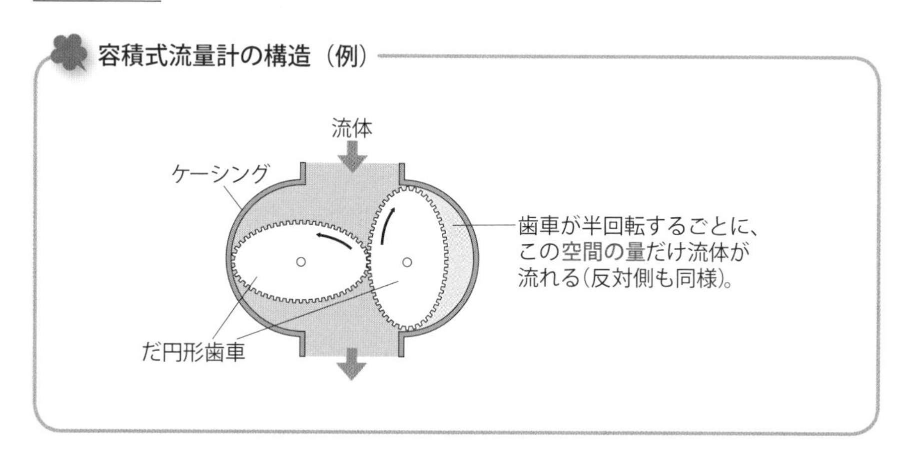

なるほど。歯車が何回転するかを計測すれば、流体の流量がわかるんですね。うまくできているなあ。

U字管式通風計は、計測する場所の空気またはガスの圧力と大気圧との差を水柱で示す。

燃焼室の炉壁に小さい穴を開けて管を通し、その外側を、水を入れたU字管にゴム管で接続する。U字管の他端は大気に開放されているので、U字管に現れる水位の差が、炉内の圧力と大気圧の差を示すしくみである。

Lesson 12

附属品及び附属装置②〈安全装置〉

レッスンの Point

重要度 ★★☆

ボイラーには、さまざまな安全装置が設けられている。ここでは、安全弁の役割としくみを覚えよう。

必ず覚える基礎知識はこれだ！

安全弁は、ボイラー内部の圧力が一定限度以上に上昇するのを機械的に阻止することにより、圧力の異常上昇を防止する装置だ。

ボイラーの運転中、内部は非常に高圧になるので、ボイラーは、その圧力に耐えられるように設計されているんだ。しかし、圧力が異常に上昇し、定められた最高使用圧力を超えてしまうと、胴が破裂するなどの大きな事故につながるおそれがある。そのような事故を未然に防ぐのが、安全弁の役割だ。現在、ボイラーの安全弁には、すべてばね式のものが用いられているんだ。

ばね安全弁の構造

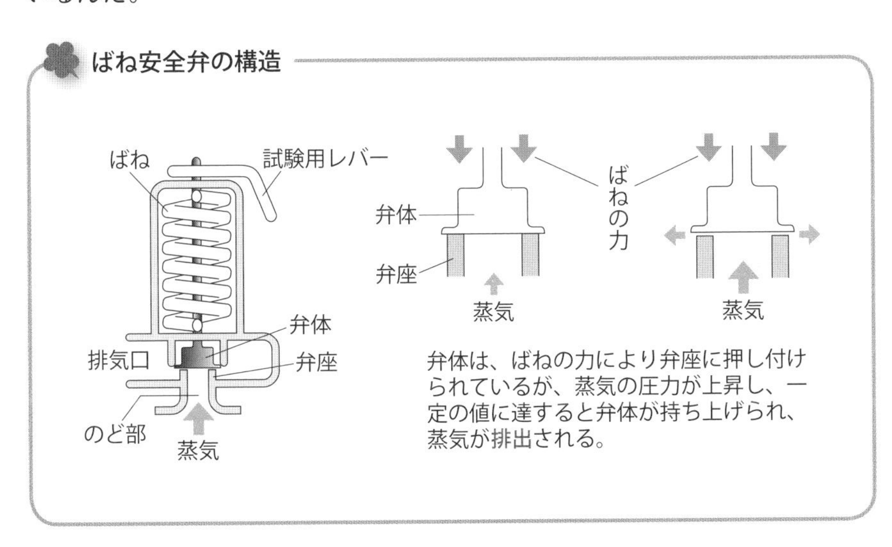

安全弁の吹出し面積

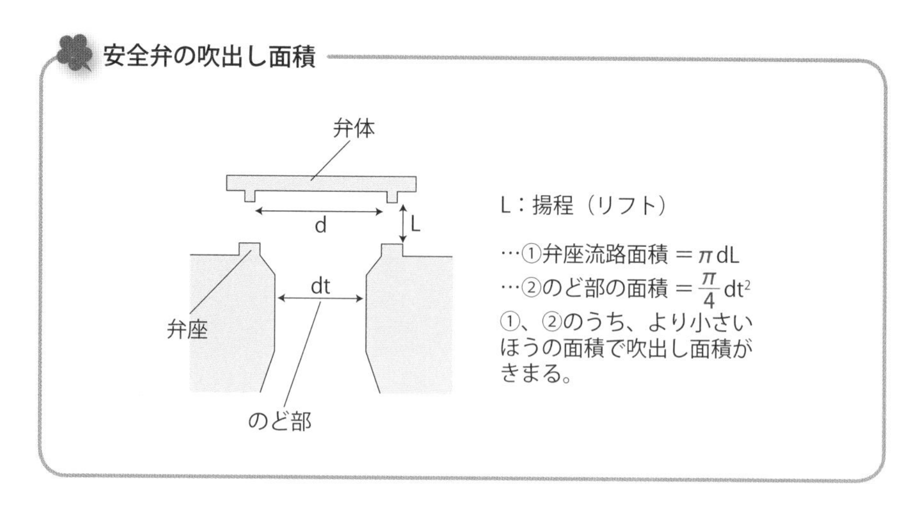

安全弁から蒸気や温水が吹き出したときに、弁体が弁座から持ち上がる距離（上図のL）を、揚程（ようてい）、またはリフトという。揚程が比較的小さく、弁が開いたときの蒸気の流路の面積の中で、弁座流路面積（上図の①）が最小となる安全弁を、揚程式というんだ。一方、蒸気の流路の面積の中で、弁座の下部にあるのど部の面積（上図の②）が最小となる安全弁を、全量式というんだ。

出題されるポイントはここだ！

ポイント◎1　安全弁の吹出し圧力は、弁体を弁座に押し付けるばねの力を変えることによって調整する。

ばねの調整ボルトを締めたり緩めたりすることにより、ばねの力を変えて、吹出し圧力を調整する。

ポイント◎2　安全弁には、揚程式と全量式がある。

蒸気が吹き出すときの流路の面積の中で、弁座流路面積が最小となるものを揚程式、弁座の下部にあるのど部の面積が最小となるものを全量式という。

ポイント◎ 3　安全弁の吹出し面積は、揚程式の場合は弁座流路面積で、全量式の場合は、のど部面積できめられる。

全量式の安全弁は、弁座流路面積がのど部の面積より十分に大きいので、吹出し面積はのど部面積できまる。

揚程式の安全弁は、揚程が比較的小さく、弁座流路面積がのど部の面積より小さい。だから、吹出し面積は弁座流路面積できまるんだ。

蒸気の通り道が一番せまい部分の面積で、安全弁の吹出し面積がきまるんですね。

ポイント◎ 4　安全弁箱、または排気管の底部には、ドレン抜きを設ける。

ドレンとは、温度低下等により蒸気が凝縮して生じた水（復水）。安全弁箱または排気管の底部に設けるドレン抜きには、弁を取り付けてはならない。

こんな選択肢は誤り！

誤った選択肢の例

安全弁箱、または排気管の底部には、~~弁を取り付けた~~ドレン抜きを設ける。

安全弁箱、または排気管の底部には、ドレン抜きを設けるが、このドレン抜きには、弁を取り付けてはならない。

附属品及び附属装置③〈送気系統装置〉

レッスンのPoint　　重要度 ★★☆

蒸気の出口である送気系統には、さまざまな機構が設けられている。蒸気トラップ、沸水防止管などのしくみや目的をしっかり覚えよう。

必ず覚える基礎知識はこれだ！

送気系統とは、ボイラーで発生した蒸気を取り出し、蒸気を利用する設備等に供給するための一連の装置をいい、主蒸気管、主蒸気弁、蒸気トラップなどからなる。

主蒸気弁は、送気の開始、または停止を行うために、ボイラーの蒸気取り出し口、または過熱器の蒸気出口に取り付ける弁だ。

主蒸気弁の種類

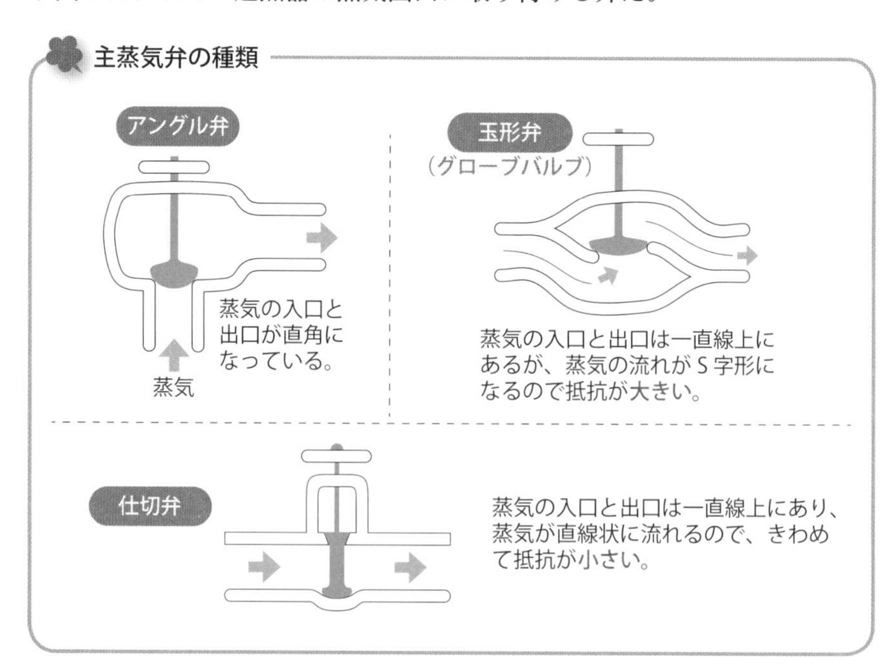

出題されるポイントはここだ！

ポイント◎ 1

主蒸気管が長くなる場合、温度の変化による伸縮を自由にするため、適切な箇所に伸縮継手を設ける。

伸縮継手には、湾曲形、ベローズ形、すべり形などの形式がある。

ポイント◎ 2

2基以上のボイラーが、蒸気出口で同一管系に連絡している場合、主蒸気弁の後に蒸気逆止め弁を設ける。

蒸気逆止め弁は、蒸気がボイラーの胴や蒸気ドラムに逆流することを防ぐ弁で、出口側の圧力が入口側よりも高くなると弁が閉じるしくみである。

蒸気逆止め弁の取付け位置

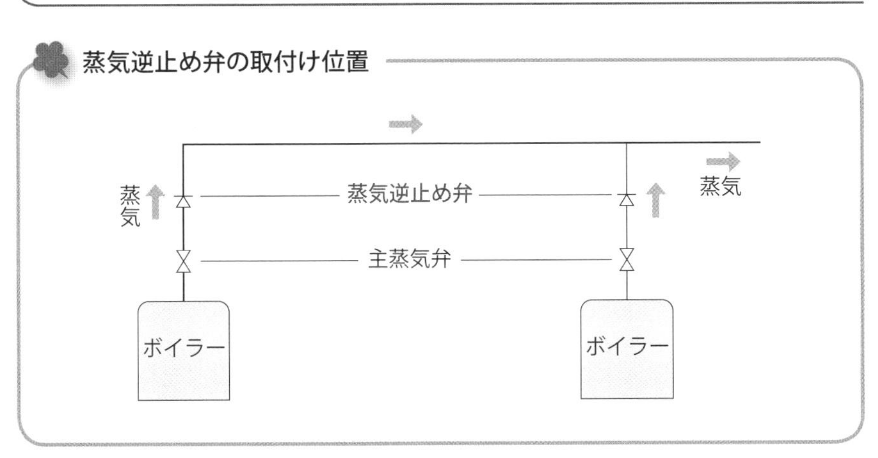

蒸気逆止め弁がないと、圧力が低下したボイラーに、蒸気が逆流してしまうおそれがあるんだ。

ポイント◎ 3

低圧ボイラーの胴、またはドラム内には、蒸気と水滴を分離するための沸水防止管（ふっすい）を設ける。

沸水防止管は、蒸気に混じって水滴が主蒸気管に送りだされるのを防ぐ気水分離器の一種で、低圧ボイラーの蒸気出口の直下に設けられる。

蒸気室の頂部に直接主蒸気管を開口させると、その直下付近の蒸気が取り出されるので、水滴が混ざった蒸気が搬出されやすい。この現象をプライミングという（p.107 参照）。沸水防止管は、下図のように、蒸気の流れを変えることにより蒸気と水滴を分離し、プライミングを防ぐ装置だ。

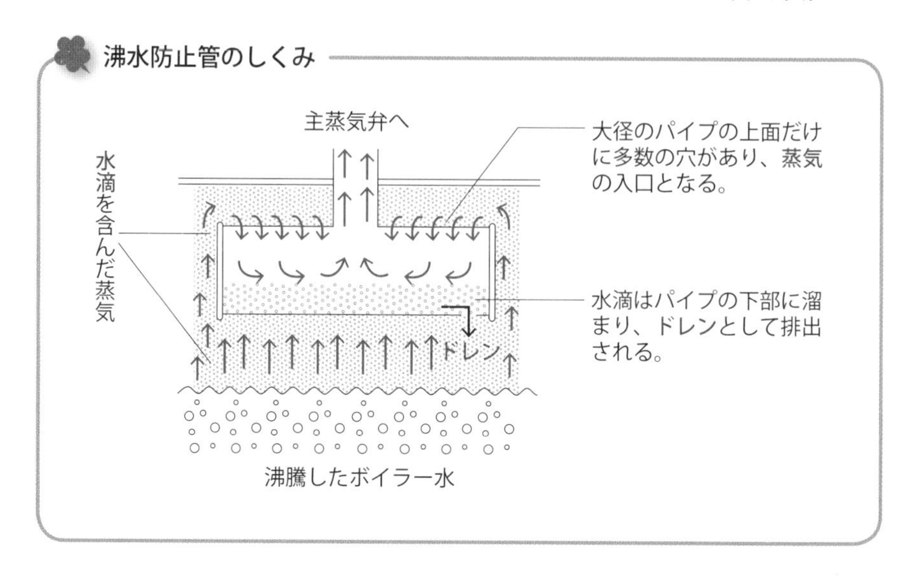

ここも覚えて 点数UP！

主蒸気管は、曲がり部に十分な半径をもたせ、ドレンが溜まる部分がないように、適度な傾斜をつけるとともに、要所に蒸気トラップを設ける必要がある。

蒸気トラップとは、溜まったドレンを自動的に排出する装置で、作動原理により次表のように分類される。

ドレンとは、蒸気管の中の蒸気が、温度が低下したことにより、凝縮して水に戻ったもののことだよ。

蒸気トラップの種類

大分類	作動原理	中分類	特　性
メカニカル	蒸気とドレンの密度差を利用	バケット式 フロート式	ドレンが直接トラップ弁を作動させるので、ドレンの温度降下を待つ必要がなく、作動が迅速で信頼性が高い。
サーモスタチック	蒸気とドレンの温度差を利用	ベローズ式 バイメタル式	温度を媒介としてトラップ弁を作動させるので、応答が遅く、作動周期が長い。
サーモダイナミック	蒸気とドレンの熱力学的性質の差を利用	ディスク式 オリフィス式	小型軽量でウォータハンマ（p.109参照）に強いが、圧力の影響を受けやすい。

減圧弁は、発生蒸気の圧力と使用箇所での蒸気圧力の差が大きいときや、使用箇所での蒸気圧力を一定に保ちたいときに設ける。

　発生蒸気の圧力と使用箇所での蒸気圧力の差が大きいときや、使用箇所での蒸気圧力を一定に保ちたいときは、減圧装置を設ける。減圧装置としては、一般に減圧弁が用いられる。

　減圧弁は、1次側（入口側）の圧力及び流量が変化しても、弁の開度が自動的に調整され、2次側（出口側）の圧力がほぼ一定に保たれるしくみになっている。

蒸気を使用する場所では、蒸気の圧力が強すぎたり、圧力が安定しなかったりすると困りますね。だから減圧弁が必要なのか！

附属品及び附属装置④〈給水系統装置〉

レッスンのPoint 重要度 ★★☆

ボイラーに水を供給するのが給水系統。その中でも、給水ポンプの種類と用途については、よく出題されるので要チェックだ。

必ず覚える基礎知識はこれだ！

給水系統は、その名のとおり、ボイラーに水を供給する一連の装置のことで、給水タンク、給水ポンプ、インゼクタ、給水弁、ボイラー内部に取り付ける給水内管などからなる。

給水ポンプの種類

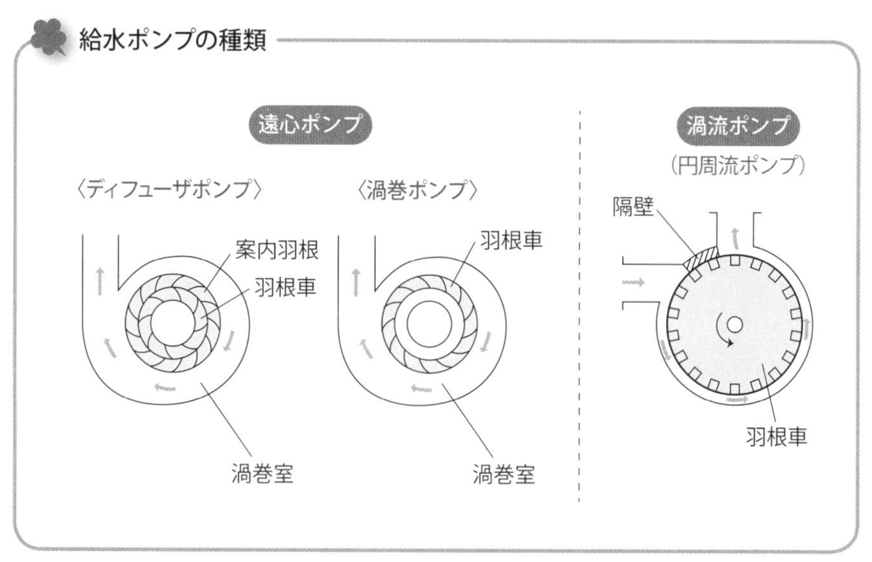

渦流ポンプは、渦巻ポンプと名前が似ているけれど、構造が異なるので注意！

ボイラー用の給水ポンプには、主に遠心ポンプが使用されるんだ。遠心ポンプは、多数の湾曲した羽根をもつ羽根車をケーシング内で回転させ、遠心力によって水に圧力と速度を与えるポンプで、ディフューザポンプと渦巻(うずまき)ポンプがある。ディフューザポンプは、羽根車の外側に案内羽根を設け、効率よく高い圧力を得られるようにしたものだ。

ディフューザポンプを多段式にすることによって、さらに高い圧力を得ることができるんだ。

出題されるポイントはここだ！

ポイント◎ 1

ディフューザポンプは、羽根車の周辺に案内羽根を有する遠心ポンプで、高圧のボイラーに適する。

ディフューザポンプは、段数を増やすこと（いくつかの羽根車を直列に重ねること）によって圧力を高くできるので、高圧のボイラーに適している。

ポイント◎ 2

渦巻ポンプは、羽根車の周辺に案内羽根のない遠心ポンプである。

渦巻ポンプは、一般に、低圧のボイラーに用いられる。

ポイント◎ 3

渦流ポンプは、円周流ポンプとも呼ばれ、小容量の蒸気ボイラーなどに用いられる。

渦流ポンプは、小さい吐出流量で高い揚程が得られる。円周流ポンプとも呼ばれ、小容量の蒸気ボイラーなどに用いられる。

ポイント○ 4

インゼクタは、蒸気の噴射力を利用して給水する装置である。

インゼクタは、比較的圧力の低いボイラーの、給水ポンプの予備用として用いられていた。

ポイント◎ 5

ボイラー（またはエコノマイザ）の入口には、給水弁と給水逆止め弁を設ける。

給水逆止め弁は、停電時などに給水ポンプ側の圧力がボイラー内より低くなったときに自動的に閉じ、ボイラー水の逆流を防止する。

ポイント◎ 6

給水弁と給水逆止め弁をボイラーに取り付ける場合は、給水弁をボイラーに近い側に取り付ける。

上記のように取り付けると、給水逆止め弁が故障した場合に、給水弁を閉止することにより、ボイラーに蒸気圧力を残したまま修理できる。

ポイント◎ 7

給水弁には、アングル弁または玉形弁が用いられる。

給水弁には、アングル弁または玉形弁が用いられる（p.58 の図参照）。給水逆止め弁には、スイング式またはリフト式の逆止め弁が用いられる。

ここも覚えて 点数 UP！

給水加熱器は、一般に、加熱管を隔てて給水を加熱する熱交換式が用いられる。

給水加熱器は、蒸気タービンの途中から抜いた一部の蒸気または廃蒸気などを利用して給水を加熱する装置だ。燃焼ガスの熱で給水を加熱するエコノマイザ（p.72 参照）とは異なるので注意しよう。

給水加熱器には、加熱蒸気と給水が混合される混合式と、加熱管を隔てて給水を加熱する熱交換式がある。後者が広く用いられているよ。

ボイラーの胴、またはドラムへの給水がなるべく一様に分布するように、給水内管を取り付け、これにより給水を行う。

低温の水を一カ所に集中して送り込むと、その周囲のボイラー水の温度が下がり、水循環を乱したり、胴、ドラム、管類などに不同膨張によるひずみを生じたりするおそれがある。これを防止するために給水内管を取り付ける。

給水内管には、一般に長い鋼管に多数の穴を設けたものが用いられ、給水がボイラーの胴またはドラム内の広い範囲に分布するように、下図のように設置される。

給水内管の取付け（例）

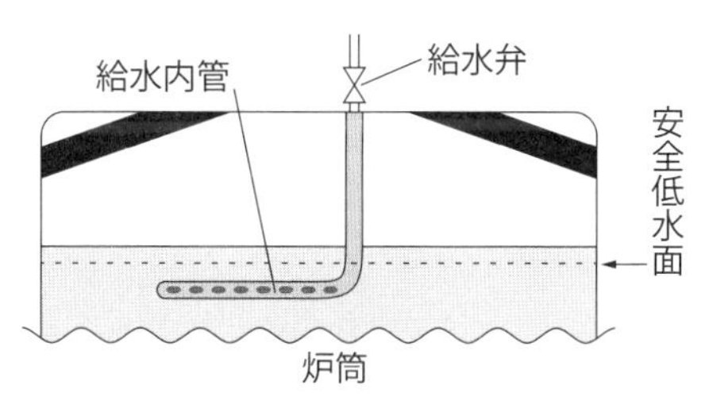

給水内管は、一般に、長い鋼管に多数の穴を設けたもので、
ボイラーの安全低水面よりやや下方に取り付ける。

ボイラーの水位が安全低水面まで低下したときも、給水内管が水面上に現れないように設置するんですね。

給水内管は、掃除などの際に簡単に取り外しができるようにすることも必要だよ。

附属品及び附属装置⑤〈吹出し装置〉

レッスンの Point　重要度 ★★☆

間欠吹出し装置に用いられる弁の種類や、取付け位置の順序、連続吹出し装置のしくみなどを覚えよう。

必ず覚える基礎知識はこれだ！

ボイラーの給水中に含まれる不純物は、ボイラー内で水の蒸発とともにしだいに濃縮（のうしゅく）され、あるいは沈殿物となる。濃縮したボイラー水や沈殿物を排出するため、沈殿物がたまりやすい胴や水ドラムの底部、ボイラー水が濃縮する胴や蒸気ドラムの水面近くなどに、吹出し装置を取り付けるんだ。吹出し弁を手動で開閉して適宜ボイラー水の吹出しを行う間欠（かんけつ）吹出し装置と、ボイラー水を少量ずつ連続的に吹き出す連続吹出し装置がある。

ボイラー水の中の不純物が濃縮してできた沈殿物のことを、スラッジというんだ。

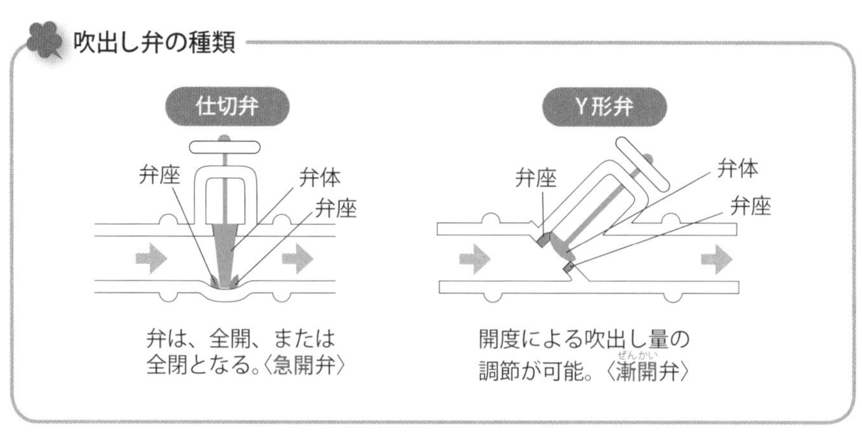

出題されるポイントはここだ！

ポイント◎ 1　ボイラー水の濃度を下げたり、沈殿物を排出したりするため、胴またはドラムに吹出し管を設ける。

吹出し管には、吹出し弁を取り付ける。小容量のボイラーの場合は、吹出し弁の代わりに吹出しコックを用いることが多い。

ポイント◎ 2　吹出し弁は、スラッジなどによる故障を避けるため、仕切弁、または Y 形弁を用いる。

スラッジがたまりやすい玉形弁やアングル弁（p.58 参照）は避ける。

ポイント◎ 3　大型ボイラー、高圧ボイラーでは、吹出し管に、2 個の吹出し弁を直列に設ける。

ボイラーに近いほうを急開弁（第一吹出し弁）、ボイラーから遠いほうを漸開弁（第二吹出し弁）とする（p.68 の図参照）。

ポイント○ 4　連続運転するボイラーには、ボイラー水の不純物濃度を常に一定の範囲に保つために、連続吹出し装置が設けられる。

連続吹出し装置は、調節弁によって吹出し量を加減しながら、ボイラー水を少量ずつ連続的に吹き出す装置である。

運転中のボイラーには、常にボイラー水が供給され、どんどん蒸発していくのだから、ほうっておいたら、不純物は溜まる一方ですよね。

そう。だから、ボイラー水の吹出しを定期的に行うことが重要なんだ。

ここも覚えて 点数UP！

連続吹出し装置は、ボイラーの水面付近に、間欠吹出し装置は、ボイラーの底部に取り付ける。

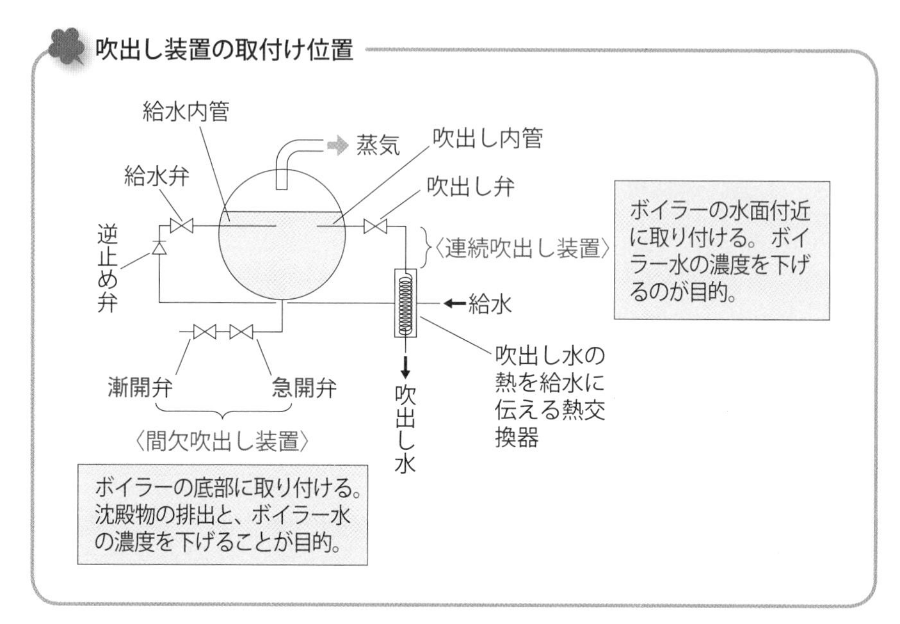

間欠吹出し装置による吹出しを行うときは、まず、ボイラー本体に近いほうの急開弁を全開にし、それから、漸開弁を少しずつ開いていく。閉止する場合は、反対に、まず漸開弁をゆっくりと閉じ、続いて急開弁を閉じる（p.99 参照）。

ボイラー水の吹出しのことを、ブローともいうよ。

附属品及び附属装置⑥〈温水ボイラーの附属品〉

レッスンのPoint

重要度 ★★☆

温水ボイラーの附属品の中で重要なのは、逃がし管、逃がし弁。これらは、ボイラー本体の破裂による事故を防ぐ安全装置だ。

必ず覚える基礎知識はこれだ！

温水ボイラーでは、水を高温になるまで加熱するので、水の体積は、それに伴いかなり膨張する。ボイラー本体が破裂するのを防ぐためには、膨張した分の水を、ボイラーの外に逃がす必要があるんだ。そのための装置が、逃がし管、または逃がし弁だ。

温水ボイラーの配管（例）

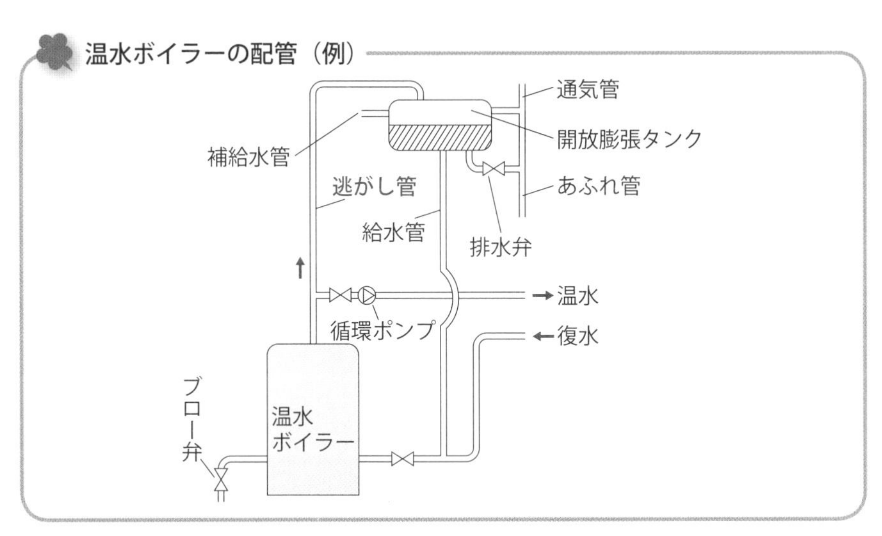

逃がし管の途中には、弁やコックなどが設けられていないことに注意しよう。

温水ボイラーの附属品には、このほかに、水高計、温度計がある。

水高計は、温水ボイラーの圧力を測る計器で、蒸気ボイラーの圧力計に相当する。水高計の構造は、ブルドン管圧力計（p.51 参照）と同じだよ。水高計は、一般に、ボイラー最上部の見やすい位置に取り付けられる。水高計の位置から開放膨張タンクの水面までの高さが 10m のときに、水高計は 0.1MPa を示す。これがボイラーにかかる圧力だ。

温度計は、ボイラー水の温度を測るものですね。

その通り。温度計は単独で用いられることもあるが、一般に、温度計と水高計を組み合わせた温度水高計がよく使われているよ。

出題されるポイントはここだ！

ポイント◎1　逃がし管は、ボイラーの水部に直接取り付け、高所に設けた膨張タンクに直結させる。

膨張タンクには、開放形と密閉形がある。

ポイント◎2　逃がし管の途中には、弁やコックを設けてはならない。

逃がし管は、開放形膨張タンクにおいて、膨張した分のボイラー水を逃がすための安全装置であり、弁やコックは設けない。

ポイント◎3　逃がし管の内部の水は、凍結しないようにしなければならない。

凍結のおそれがあるときは、保温などの措置（そち）を講じなければならない。

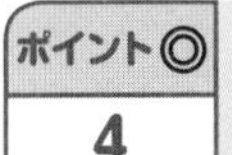

温水ボイラーに逃がし管を設けない場合は、逃がし弁を設ける。

逃がし管を設けない場合や、逃がし管を設け、密閉形膨張タンクを使用する場合は、逃がし弁を設ける。

逃がし弁は、水の膨張によりボイラー内部の圧力が上昇し、設定した圧力を超えたときに、弁体が押し上げられ、自動的に水を逃がす装置だよ。

蒸気ボイラーの安全弁と同じ役割ですね。

ここも覚えて　点数UP！

暖房用ボイラーは、温水循環装置を備えている。

暖房用の温水ボイラーまたは蒸気ボイラーは、ボイラーで発生した温水または蒸気を放熱器に送り、熱を放出して暖房を行う。放熱により低温になった温水または凝縮水は、返り管を経由してボイラー本体に戻される。このような温水循環を行うために、暖房用ボイラーは以下のような温水循環装置を備えている。

温水循環ポンプ：ボイラーで加熱された温水を放熱器に送り、再びボイラーに戻すためのポンプで、温水暖房ボイラーの配管内に設置される。

凝縮水給水ポンプ：重力還水式の蒸気暖房装置に用いられ、自重により自然流下した凝縮水をボイラーに押し込むために用いられる。

真空給水ポンプ：蒸気暖房装置に広く用いられる。真空ポンプにより負圧に保たれた受水槽に凝縮水を吸引し、ボイラーに給水する。

附属品及び附属装置⑦〈エコノマイザ・空気予熱器〉

レッスンの Point　重要度 ★★☆

エコノマイザ、空気予熱器は、ともに、ボイラーで発生する熱を有効に利用することにより、ボイラー効率を向上させる装置だ。

必ず覚える基礎知識はこれだ！

エコノマイザは、ボイラーから排出される燃焼ガスの余熱を回収して、給水の予熱に利用する装置だ。エコノマイザを設置することにより、ボイラー効率が向上し、燃料を節約することができるんだ。

ボイラーの熱損失のうち最大のものは、煙道から排出される排ガスによって持ち去られる熱だから、その熱を利用することでボイラー効率をかなり高めることができるんだ。

エコノマイザのしくみ

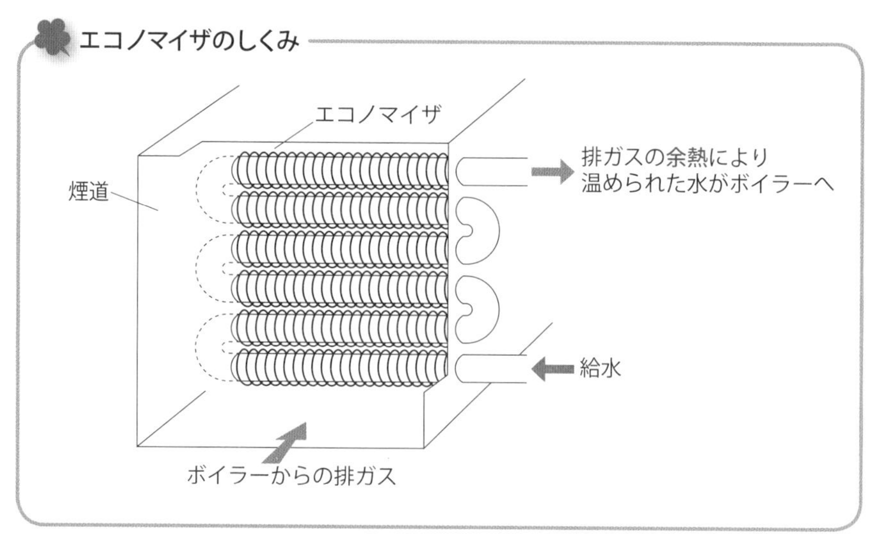

空気予熱器は、ボイラーの燃焼に使われる空気を予熱する装置だ。空気予熱器には、エコノマイザと同様に燃焼ガスの余熱を利用するものと、ボイラーから発生する蒸気を熱源とするものがある。

空気予熱器を使用することにより、ボイラー効率が向上し、燃焼状態が良好になる。燃焼空気温度が上昇するので、水分の多い低品位燃料の燃焼にも有効なんだ。このような利点がある一方、空気予熱器の使用により、大気汚染物質の窒素酸化物（NO_x）の発生量が増加することもある。

出題されるポイントはここだ！

ポイント◎1　エコノマイザを設置することにより、ボイラーへの給水温度が上昇する。

給水を予熱することで、ボイラー効率を向上させるのが、エコノマイザを設置する目的である。

ポイント◎2　エコノマイザを設置することにより、通風抵抗が増加する。

煙道にエコノマイザを設置することにより、通風抵抗が多少増加するので、通風力を検討する必要がある。

ポイント◎3　燃料の性状によっては、エコノマイザに低温腐食（ふしょく）が生じることがある。

低温腐食とは、燃料の重油に含まれる硫黄（いおう）分から生成された硫酸（りゅうさん）蒸気が、燃焼ガスの流路の低温部に接触して凝縮し、金属面を腐食することをいう（p.175～177 参照）。

エコノマイザでは、給水に熱を奪われるので、燃焼ガスの温度は下がる。そのときに、燃焼ガスに含まれる成分によっては、低温腐食が起きてしまうんだ。

ポイント◎ 4 **空気予熱器には、燃焼ガスの余熱を利用するものと、ボイラーから発生する蒸気を熱源とするものがある。**

空気予熱器は、ボイラーの燃焼に使われる空気を予熱する装置で、燃焼ガスの余熱を利用するものと、ボイラーから発生する蒸気を熱源とするものがある。

ポイント◎ 5 **空気予熱器を使用することにより、ボイラー効率が向上し、燃焼状態が良好になる。**

空気予熱器を使用すると、燃焼空気温度が上昇するので、水分の多い低品位燃料の燃焼にも有効である。

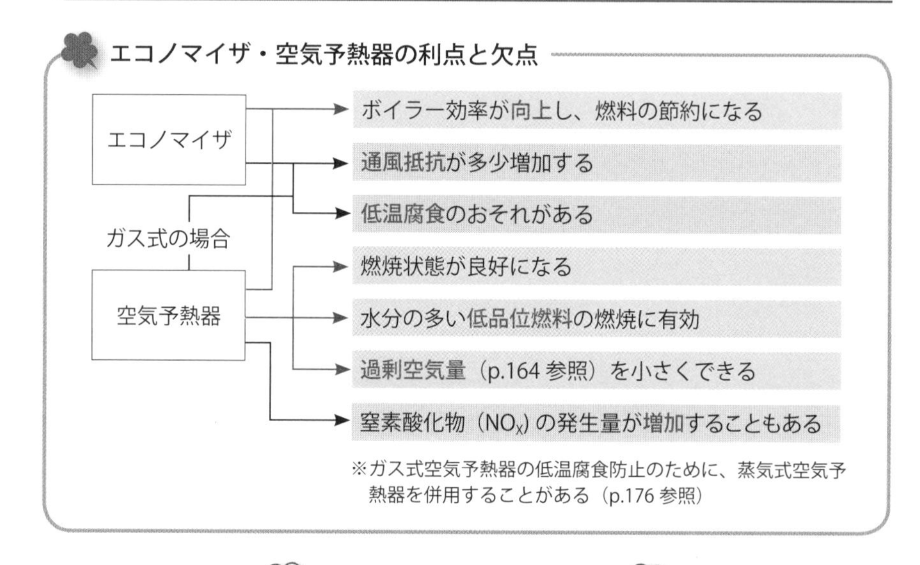

こんな選択肢は誤り！

誤った選択肢の例

ボイラーに空気予熱器を設置した場合の~~利点~~の一つは、通風抵抗が増加することである。

通風抵抗が増加するのは利点ではない。

ボイラーの自動制御①〈制御量と操作量〉

重要度 ★★☆

レッスンの Point

まずは、ボイラーの自動制御の基本を覚えよう。制御量と操作量の関係は、試験に出ることがあるのでしっかり押さえておこう。

必ず覚える基礎知識はこれだ！

運転中のボイラーは、蒸気や温水の使用量（負荷）によって、圧力、温度、水位などが変化するので、その変化に応じて、燃料の供給量や給水量などを調節し、圧力、温度、水位を一定に保つようにしなければならない。それらの操作を自動的に、効率よく行うのが、ボイラーの自動制御だ。

ボイラーの制御とは、ボイラーに出入りするエネルギーの平衡を保つための操作ともいえるよ。

ボイラーに出入りするエネルギー

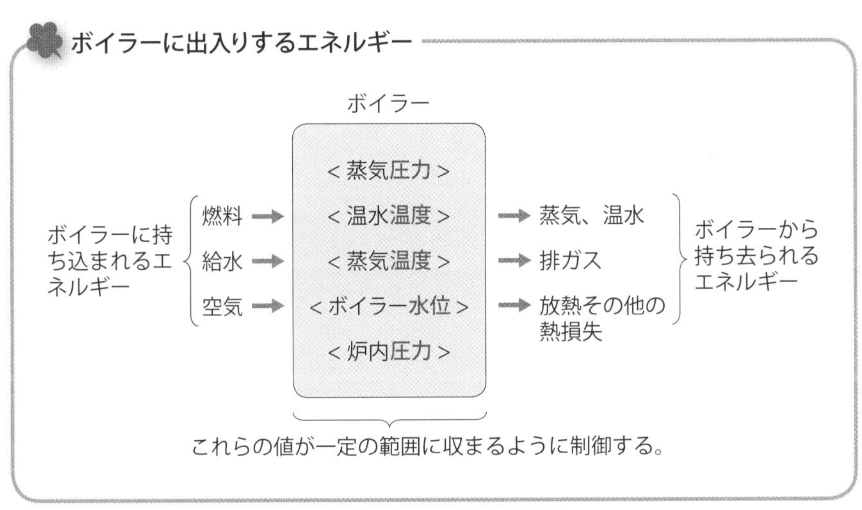

出題されるポイントはここだ！

ポイント◎ 1 **ボイラーの自動制御において、その値を一定範囲内に収めるべき量を、制御量という。**

蒸気圧力、炉内圧力、ボイラー水位などは、制御量である。

ポイント◎ 2 **制御量を一定範囲内の値に収めるために操作する量を、操作量という。**

操作量は、燃料量、給水量、空気量などである。

制御量は「制御したい量」、操作量は「そのために操作する量」と覚えるとわかりやすいよ。

ここも覚えて 点数UP！

制御量と操作量の組み合わせ

制御量		操作量	
蒸気圧力	を制御する場合は、	燃料量及び空気量	を操作する。
蒸気温度	を制御する場合は、	過熱低減器の注水量または伝熱量	を操作する。
温水温度	を制御する場合は、	燃料量及び空気量	を操作する。
ボイラー水位	を制御する場合は、	給水量	を操作する。
炉内圧力	を制御する場合は、	排出ガス量	を操作する。
空燃比※	を制御する場合は、	燃料量及び空気量	を操作する。

※空気と燃料の割合のこと。

ボイラーの自動制御②〈フィードバック制御〉

レッスンのPoint　重要度 ★★☆

ボイラーの自動制御に使用される制御方式にはどのようなものがあるかを知ろう。それぞれの制御方式の特徴も覚えよう。

必ず覚える基礎知識はこれだ！

ボイラーの自動制御には、フィードバック制御が使用される。フィードバック制御とは、操作の結果として得られた制御量の値を計測して目標値と比較し、それらを一致させるように、さらに訂正動作を繰り返す制御をいう。

フィードバック制御のしくみ

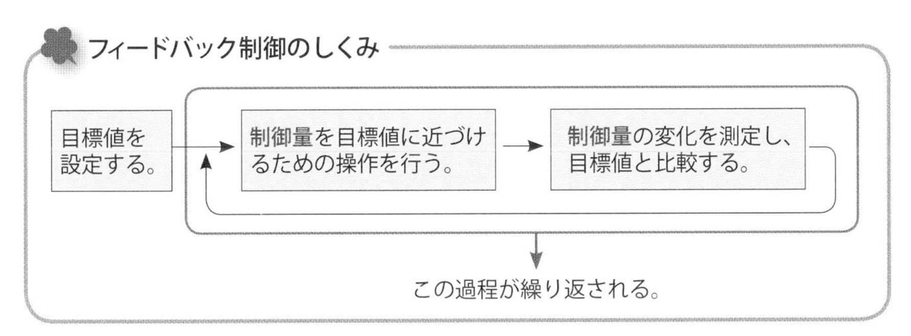

フィードバック制御に採用されている主な制御方式には、次のようなものがあるよ。

①オンオフ動作による制御
②比例動作による制御（P 動作）
③比例 ＋ オンオフ動作による制御
④比例 ＋ 積分動作による制御（PI 動作）
⑤比例 ＋ 積分 ＋ 微分動作による制御（PID 動作）

出題されるポイントはここだ！

ポイント◎ 1

オンオフ動作とは、操作量があらかじめ定められた２つの値のどちらかをとる方式で、２位置動作ともいう。

オンオフ動作による蒸気圧力制御は、蒸気圧力の変動によって、「燃焼（オン）」「燃焼停止（オフ）」のいずれかの状態をとる。

ポイント◎ 2

オンオフ動作には、動作すき間の設定が必要である。

オンオフ動作では、操作量をオンからオフに移すときと、オフからオンに移すときの制御量の値をずらす必要がある。その値の幅を動作すき間という。

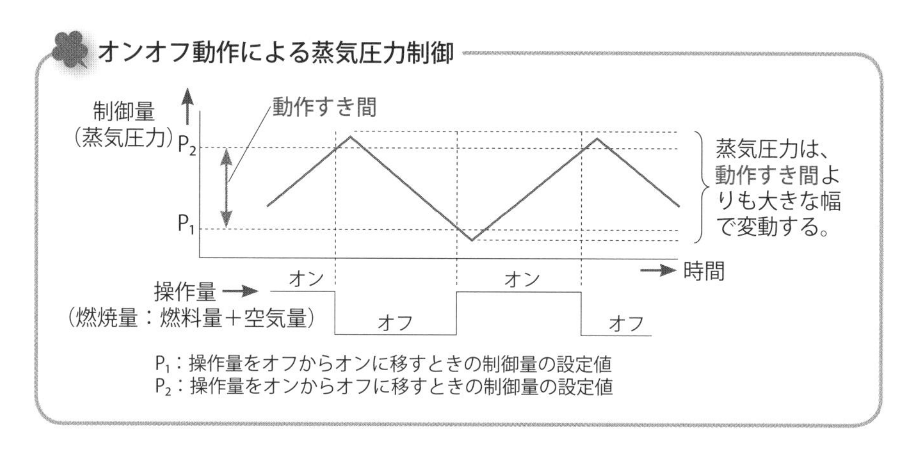

P_1：操作量をオフからオンに移すときの制御量の設定値
P_2：操作量をオンからオフに移すときの制御量の設定値

上図の場合、蒸気圧力がだんだん上昇していき、P_2 に達したときに操作量がオフになり、制御量（蒸気圧力）がだんだん低下して P_1 になったときに操作量がオンになるんだ。

動作すき間がなく、P_1 と P_2 が同じ値だったら…。操作量のオンとオフを無限にくり返さなければなりませんね。動作すき間が必要な理由がよくわかりました。

ポイント◎ 3

ハイ・ロー・オフ動作とは、制御量が3つの値のいずれかをとる方式で、3位置動作ともいう。

ハイ・ロー・オフ動作による蒸気圧力制御は、蒸気圧力の変動によって、「高燃焼（ハイ）」「低燃焼（ロー）」「燃焼停止（オフ）」のいずれかの状態をとる。

ハイ・ロー・オフ動作では、蒸気圧力が設定圧力よりやや低い圧力まで上昇すると、高燃焼から低燃焼に切り替わり、さらに圧力が上昇して設定圧力に達すると燃焼を停止するんだ。

ポイント◎ 4

比例動作とは、偏差（へんさ）の大きさに比例して操作量を増減する制御方式で、P動作ともいう。

比例動作による蒸気圧力制御では、蒸気圧力の上限と下限の間の一定の範囲において、蒸気圧力に比例して操作量が増減される。

ポイント◎ 5

比例動作のみによる自動制御では、負荷の変動によりオフセットが生じることがある。

比例動作による制御では、負荷が変動したときに、制御量の目標値と現在値の偏差（ずれ）が永続的に続くことがある。その偏差をオフセットという。

ポイント○ 6

積分（せきぶん）動作とは、偏差の時間的積分値に比例して操作量を増減する制御方式で、I動作ともいう。

積分動作は、オフセットが生じたときに、オフセットがなくなるように働く。比例動作による制御の欠点を補うために、比例動作と組み合わせて、PI動作として使用される。

ポイント○ 7

微分（びぶん）動作とは、偏差が変化する速度に比例して操作量を増減する制御方式で、D動作ともいう。

微分動作は、負荷の急激な変動などにより、制御結果が大きく変動するのを防ぐことができ、P動作やPI動作と組み合わせて使用される。

ここも覚えて　点数UP！

シーケンス制御とは、あらかじめ定められた順序にしたがって、制御の各段階を順次進めていく制御だ。ボイラーの起動や停止は、シーケンス制御によって行われる。

シーケンス制御の流れ（ボイラーの点火）

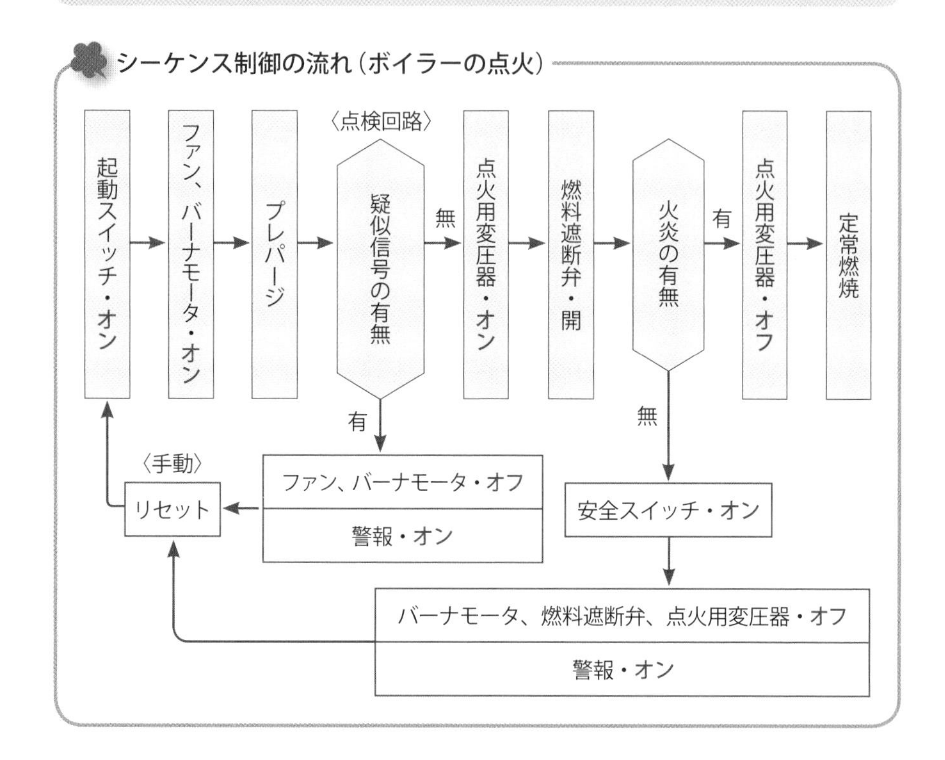

シーケンス制御では、あらかじめ定められた条件が満たされないと、制御動作が次の段階に進まないようになっている。このしくみをインタロックというんだ。

ボイラーの起動と停止はシーケンス制御で、ボイラーの運転中の自動制御はフィードバック制御で行われるんですね。

シーケンス制御回路に使用される電磁継電器のブレーク接点は、コイルに電流が流れると開になり、電流が流れないと閉になる。

シーケンス制御回路に使用される主な電機部品の一つに、電磁継電器（でんじけいでんき）（電磁リレー）がある。電磁継電器は、鉄心にソレノイド（導線をらせん状に巻いた円筒状のコイル）を巻いた電磁石と、1組または数組の可動接点及び固定接点で構成される。多くの接点を用いることで、1つの入力信号に対して同時に多くの出力信号を得ることができる。接点には以下の2種類がある。

メーク接点：コイルに電流が流れたときに閉となり、接点に電流が流れる。電流が流れないときは開になり、電流は流れない。a 接点ともいう。

ブレーク接点：コイルに電流が流れたときに開になり、接点に電流が流れなくなる。コイルに電流が流れないときは閉となり、接点に電流が流れる。b 接点ともいう。

電磁継電器の原理図

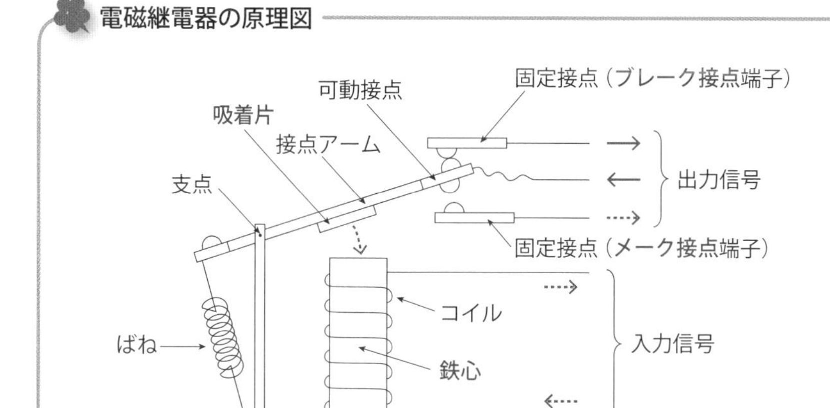

上図はコイルに電流が流れていない状態で、ブレーク接点が閉じ、メーク接点は開いている。コイルに電流が流れると鉄心が励磁されて吸着片を引き付け、ブレーク接点が開き、メーク接点は閉じる。

ボイラーの自動制御③〈圧力制御／温度制御〉

重要度 ★☆☆

レッスンの Point

ボイラー各部の制御には、圧力制御、温度制御、燃焼制御、水位制御があるよ。よく出題されるのは、圧力制御と水位制御だ。

必ず覚える基礎知識はこれだ！

各部の制御と使用される装置

各部の制御	使用される装置
圧力制御 （蒸気圧力制御、炉内圧力制御、燃料油圧力制御など）	• オンオフ式蒸気圧力調節器（電気式） • 圧力制限器 • 比例式蒸気圧力調節器 • その他の圧力調節器（電子式、電気・空気式、油圧式など）
温度制御 （温水ボイラーの温水温度、重油の加熱温度、過熱器の蒸気温度、空気予熱器の温度など）	• オンオフ式温度調節器（電気式） • その他の温度調節器（バイメタルを利用したオンオフ式、熱電対を利用した電子式など）
燃焼制御	• ダンパ開度調節器 • 空気・燃料比制御機構 • コントロールモータ • 燃料調節弁
水位制御	• フロート式水位検出器 • 電極式水位検出器 • 熱膨張管式水位調整装置

このレッスンでは、圧力制御と温度制御について取り上げるよ。

出題されるポイントはここだ！

ポイント◎ 1

オンオフ式蒸気圧力調節器（電気式）は、蒸気圧力が設定圧力の上限に達すると、燃焼を中止させる。

蒸気圧力が設定圧力の上限に達すると、圧縮されたベローズがレバーを押し上げ、スイッチの接点を開放し、燃料遮断弁（しゃだん）が閉じられるしくみである。

ポイント◎ 2

オンオフ式蒸気圧力調節器（電気式）は、水を入れたサイホン管を用いてボイラーに取り付ける。

蒸気が直接侵入し、ベローズや機器本体が過度に加熱されるのを避けるために、サイホン管を用いてボイラーに取り付ける。

蒸気圧力調節器の取り付け例（水銀スイッチの場合）

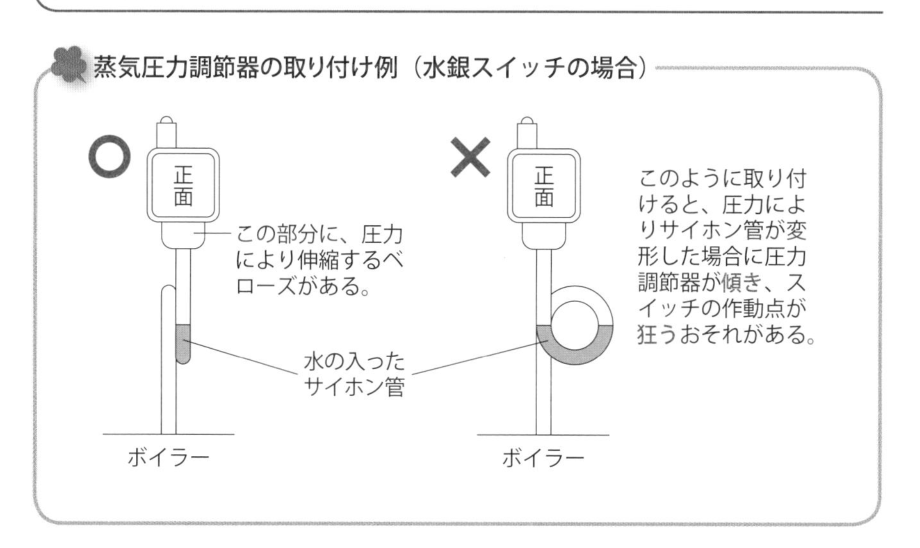

ポイント◎ 3

オンオフ式蒸気圧力調節器（電気式）を使用する場合は、動作すき間の設定が必要である。

オンオフ式蒸気圧力調節器（電気式）で蒸気圧力を制御する場合は、圧力の制御範囲の上限と下限、つまり、動作すき間の設定が必要である。

ポイント○ 4 **比例式蒸気圧力調節器は、比例制御による蒸気圧力の調節を行う。**

比例式蒸気圧力調節器は、一般に、コントロールモータ（p.87参照）との組み合わせにより、比例制御による蒸気圧力の調節を行う。

ポイント◎ 5 **蒸気圧力制限器は、ボイラーの圧力が異常に上昇、もしくは低下した場合に、直ちに燃料の供給を遮断する。**

蒸気圧力制限器には、一般に、オンオフ式蒸気圧力調節器を使用する。

ここも覚えて 点数UP！

温水ボイラーの温度制御に使用される電気式温度調節器は、調節器本体、感温体及びこれらを連結する導管からなる。

温水ボイラーの温度制御は、主にオンオフ制御または比例＋オンオフ制御によって行われる。これらの制御には、電気式、電子式などの温度調節器が使用される。

オンオフ式温度調節器（電気式）は、調節器本体と感温体、これらを連結する導管からなる。感温体の内部には膨張率の高い液体（トルエンなど）が密封されていて、温度の上昇、下降により液体が膨張、収縮すると、調節器内に設けられたベローズまたはダイヤフラムが伸縮してマイクロスイッチを開閉するしくみである。

感温体は、ボイラーに直接取り付ける場合と、保護管を用いて取り付ける場合がある。保護管を用いると取付け強度は増すが、温度変化に対する応答速度は遅くなるので、管内にシリコングリスなどを挿入して感度をよくする。

ボイラーの自動制御④〈水位制御〉

重要度 ★★☆

レッスンのPoint

ボイラーの運転中は、ボイラー水の水位を一定の範囲に保たなければならない。そのために行われるのが水位制御だ。

必ず覚える基礎知識はこれだ！

ボイラーの運転に当たっては、蒸発量と給水量を平衡させて、ボイラーの水位を常に安全低水面以上に保つことが重要だ。

ボイラーの水位制御は、ボイラーの負荷が変動したときに、それに応じて給水量を調節することにより行われるんだ。制御方式には、単要素式、2要素式、3要素式の3つがある。

水位制御に用いられる機器には、フロート式水位検出器、電極式水位検出器などがある（それらの構造としくみについてはp.126 ～ 127の図参照）。

水位制御の制御方式

制御方式	特　徴
単要素式	ドラム水位のみを検出し、その変化に応じて給水量を調節する。簡単な制御方式だが、負荷変動が激しいときは良好な制御が期待できない。
2要素式	水位と蒸気流量を検出し、両者の信号を総合して操作部に伝え、給水量を調節する。
3要素式	水位、蒸気流量、給水流量を検出し、蒸気流量と給水流量に差が生じた場合に制御動作を開始する。さらに、水位により修正を加える。

出題されるポイントはここだ！

ポイント◎ 1

ボイラーには、原則として水位検出器を2個以上取り付ける。

低水位時の警報と燃料遮断の機能をより確実にするために、水位検出器を2個以上取り付ける。それらは水位検出方式が異なるものであることが望ましい。

ポイント◎ 2

水位検出器の水側（みずがわ）連絡管は、他の水位検出器と共用してはならない。

水位検出器の水側連絡管は、他の水位検出器の水側連絡管と別個に設けることとされている。

ポイント◎ 3

水位検出器の水側連絡管には、呼び径20A以上の管を使用する。

水位検出器の水側連絡管には、呼び径20A以上の管を使用し、曲げ部分は内部の掃除が容易にできる構造とする。

※呼び径20Aとは、JIS規格において外径27.2mmの管をさす。

ここも覚えて 点数UP！

水位検出器の水側連絡管及び蒸気側連絡管には、それぞれ、バルブまたはコックを直列に2個以上設けてはならない。

- 水位検出器の水側連絡管及び蒸気側連絡管には、それぞれ、バルブまたはコックを直列に2個以上設けてはならない。
- 水側連絡管、蒸気側連絡管及び配水管に設けるバルブまたはコックは、開閉の状態が外部から明確に識別できる構造のものとする。
- 水側連絡管に設けるバルブまたはコックは、直流形の構造とする。

ボイラーの自動制御⑤〈燃焼制御／燃焼安全装置〉

重要度 ★☆☆

レッスンのPoint

燃焼状態を良好に保つために行われるのが燃焼制御。燃焼安全装置は、燃焼に起因するボイラーの事故を防ぐ装置だ。

必ず覚える基礎知識はこれだ！

ボイラーの燃焼制御とは、蒸気圧力調節器や温水温度調節器などからの信号に応じて燃料量と空気量を調節し、空気・燃料比（空燃比）を最適に保つ制御をいう。燃焼制御装置に使用される機器は、ボイラーの規模や種類によって異なる。中・小容量のボイラーでは、一般に、ダンパ開度調節器、空気・燃料比制御機構、コントロールモータ、燃料調節弁などを使用して燃料制御を行っているんだ。

コントロールモータは、正転・逆転のどちらの方向にも回転できるようにコイルを２つ備えた小型電動機に減速機構を備えたもので、信号の変化に応じた回転角度が得られるようになっている。コントロールモータの回転に連動して、燃料調節弁、燃焼用空気ダンパなどの開度が連続的に調節されるしくみだ。

燃料調節弁は燃料量を、ダンパは空気量を調節する装置ですね。

そう。正常な燃焼状態を維持するために、燃焼に必要な燃料と空気をバランスよく調節することが重要なんだ。

燃焼安全装置は、燃焼に起因するボイラーの事故を防ぐ装置で、自動制御装置の一部として組み入れられているものをいう。燃焼安全装置は、主安全制御器、火炎検出器、燃料遮断弁などで構成されている。

出題されるポイントはここだ！

ポイント 1
燃焼制御装置に使用されるコントロールモータは、燃料調節弁、燃焼用空気ダンパなどの開度を調節する。

コントロールモータは、燃料調節弁、燃焼用空気ダンパなどの開度を連続的に調節する操作器である。

ポイント 2
燃焼安全装置は、異常消火時にバーナへの燃料の供給を直ちに遮断する。

燃焼安全装置は、異常消火時にバーナへの燃料の供給を直ちに遮断し、手動で操作しないかぎり再起動できない機能を有していなければならない。

ここも覚えて 点数UP！

燃焼安全装置の主安全制御器は、出力リレー、フレームリレー、安全スイッチからなる。

出力リレーは、起動（停止）スイッチの操作や、圧力調節器、温度調節器などからの信号に応じて作動し、バーナの起動・停止を行う。フレームリレーは、火炎検出信号に応じて作動し、火炎の有無をリレーの作動・復帰に変換する。安全スイッチは、一定時間内に火炎が検出されない場合、点火の失敗とみなして出力リレーの作動を解き、燃料の供給を停止する。

燃焼安全装置の火炎検出器は、火炎の有無または強弱を検出して電気信号に変換する機器で、フォトダイオードセル、硫化鉛（りゅうかなまり）セル、整流式光電管、紫外線光電管、フレームロッドなどを利用したものがある。

いちばんわかりやすい！

2級ボイラー技士 合格テキスト

2章 ボイラーの取扱いに関する知識

まず、これだけ覚えよう！

① ボイラーの取扱いの基本事項

この章では、実際にボイラーを取り扱う際の操作の手順や、注意すべき点などを取り上げる。その前に、ボイラーの取扱いに当たって常に念頭におかなければならない基本事項を押さえておこう。

●基本事項1：ボイラーを正しく取り扱い、災害を未然（みぜん）に防ぐ

ボイラーの運転中は、燃焼に伴う炉内ガス爆発の危険や、圧力による破裂などの危険が常に潜在している。これらの危険性を排除し、ボイラーを安全に運転するためには、正しい操作を行うこと、そして、日常の点検、保守を怠（おこた）らないことが何よりも重要だ。

●基本事項2：燃料を効率よく利用するとともに、公害の発生を防ぐ

ボイラーの取扱いにおいては、燃料を完全燃焼させ、燃料のもつ熱エネルギーをできるかぎり有効に利用することが求められる。また、燃料の燃焼により空気中に排出されるばい煙を減少させ、公害の防止に努めなければならない。

●基本事項3：ボイラーの寿命を長く保つために、予防、保全を行う

どんなに性能のよいボイラーでも、きちんと手入れをしないと性能を十分に発揮できなくなり、故障も多くなる。ボイラーを正しく管理し、寿命を長く保つには、ボイラーの容量や使用条件に合わせて、年間、ならびに日常の運転計画、保全計画を立て、それにしたがって管理を行うことが大切だ。

ボイラーを取り扱う者は、これらの基本事項をしっかり頭に入れておく必要がある。

② ボイラー点火前の点検、準備

ボイラーの運転を開始する前には必ず、点検、準備を行う。下図はその点検、準備の主な内容だ。これらが確実に完了していることを確認した後でなければ、ボイラーを運転してはならない。

水面計に詰まりはないか？ ➡ 水面計のコックを操作して確認

※ 験水コックが設けられている場合は、水部のコックから水が噴き出すか確認

水面計の機能は正常か？ ➡ 2個の水面計の水位が同一であるか確認

ボイラー水位は正常か？ ➡ 常用水位より低いときは給水を行う

➡ 常用水位より高いときは吹出しを行う

吹出し装置の機能は正常か？ ➡ 運転前に吹出しを行う

圧力計の機能は正常か？ ➡ 圧力がない場合は指針が0に戻っているか確認

➡ 残針がある場合は予備の圧力計と取り替える

給水装置の点検

空気抜き弁を開いておく

燃焼装置の点検

炉・煙道内の換気 ➡ 煙道の各ダンパを全開にし、ファンを運転して換気

自動制御装置の点検 ➡ 水位検出器は水位を上下して機能の試験を行う

※ 水位検出器の試験では、設定された水位の上限で給水ポンプが正確に停止し、設定された水位の下限で給水ポンプが起動することを確認する

③ 常用水位と安全低水面

常用水位とは、ボイラーの正常運転のときの水位をいう。ボイラーの運転中は、ボイラー水の水位は常用水位を維持するよう努めなければならない。安全低水面とは、ボイラーの運転中に維持しなければならない最低の水面のことだ。ボイラーの取扱いにおいて最も重要なのは、水位が安全低水面以下に下がらないようにすることなんだ。

ボイラーの点火

レッスンのPoint　重要度 ★★☆

ボイラーの点火の前に確認することや、手動による点火操作の正しい手順、点火の際の注意事項などをしっかり覚えよう。

必ず覚える基礎知識はこれだ！

ボイラーの点火操作は、細心の注意を払いつつ、正しい手順で行わないと、爆発や逆火（ぎゃっか）（p.110参照）などの事故につながるおそれがある。安全な姿勢で作業を行うことも重要だ。点火に際しては、事前に点検を行った場合も、以下の点について再度確認を行う。

①ボイラー水位は正常か。
②炉内の通風、換気は十分か。
③空気、燃料の送入準備は整っているか。

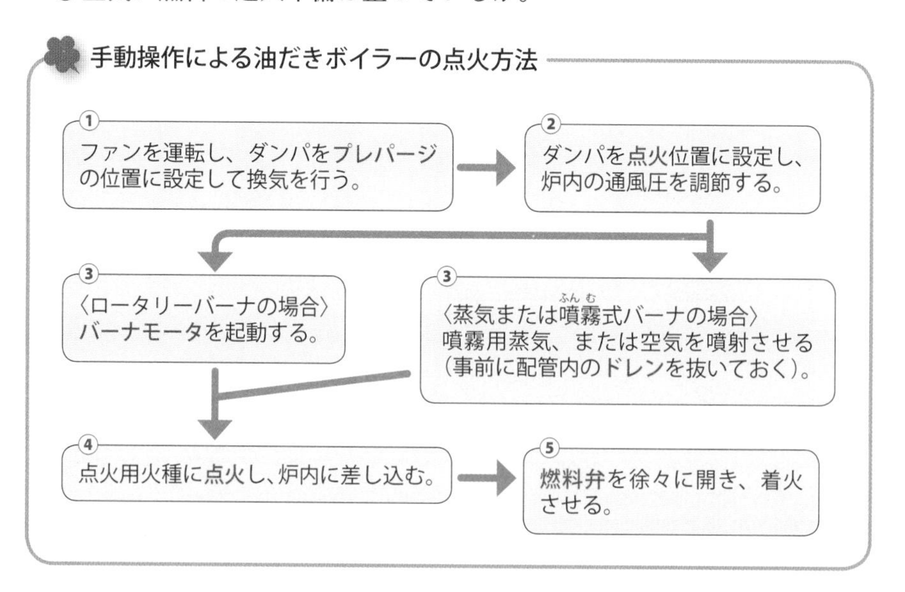

実際には、自動制御で起動するものがほとんどで、バーナに手動で点火することは少ないけれど、手動による点火方法を理解しておくことは重要。試験にも出題されるよ。

出題されるポイントはここだ！

ポイント◎ 1

ボイラーを手動で点火するときは、必ず点火用火種を用いる。

他のバーナの火炎や、炉壁の熱を利用して点火してはならない。

ポイント◎ 2

点火用火種は、バーナの先端のやや前方下部に置く。

点火用火種をバーナの先端のやや前方下部に置いてから、バーナの燃料弁を開いて点火する。点火用火種を置く前に燃料弁を開いてはならない。

ポイント◎ 3

バーナは、燃料弁を開いてから 2 ～ 5 秒間の点火制限時間内に着火させる。

制限時間内に着火しない場合は、直ちに燃料弁を閉じて点火操作を中止し、ダンパを全開して炉内を換気する。燃焼状態が不安定な場合も同様である。

点火制限時間は、燃料の種類や、燃焼室の熱負荷の大小に応じて定められるんですね。

ポイント◎ 4

バーナが 2 基以上あるときは、まず 1 基のバーナに点火し、燃焼が安定してから他のバーナに点火する。

バーナが上下に配置されている場合は、下方のバーナから点火する。

ポイント◎ 5

ハイ・ロー・オフ動作による制御を行う場合は、バーナは低燃焼域で点火する。

ハイ・ロー・オフ動作による制御では、低燃焼域と高燃焼域があるが、バーナは低燃焼域で点火する。

ここも覚えて 点数UP！

ここも覚える プラスα

ガスだきボイラーの場合も、点火前の準備や点火方法は、基本的に油だきボイラーと同じ。ただし、ガスは爆発の危険性がより大きいので、特に注意が必要だ。

ガスだきボイラーの点火に際しては、次のことに注意する必要がある。

- ガス圧力が加わっている継手、コック、弁に、ガス漏れ検出器を用いて、または石けん液等の検出液を塗布して、漏れの有無を確認する。
- ガス圧力が適正で、安定しているかどうか確認する。
- 点火用火種は、適正な火力のものを使用する。

語呂合わせで覚えよう

バーナが２基以上、上下にある場合

バナナは下から順番に！
（バーナ）（下から点火）

バーナが２基以上ある場合は、まず１基のバーナに点火し、燃焼を安定させてからほかのバーナに点火する。２基のバーナが上下に配置されている場合は、下方のバーナから点火する。

圧力上昇時の取扱い

レッスンの Point 重要度 ★★☆

ボイラーの点火後、蒸気の発生が始まり、圧力が上昇しているときの運転操作や、その際に注意すべき点を覚えよう。

必ず覚える基礎知識はこれだ！

ボイラーに点火し、ボイラー内部に蒸気が発生すると、内部の圧力はしだいに上昇し、やがて所定の圧力に達して定常運転に移る。この間の、圧力上昇時のボイラーの取扱いには、特別の注意が必要なんだ。

ボイラーの空気抜き

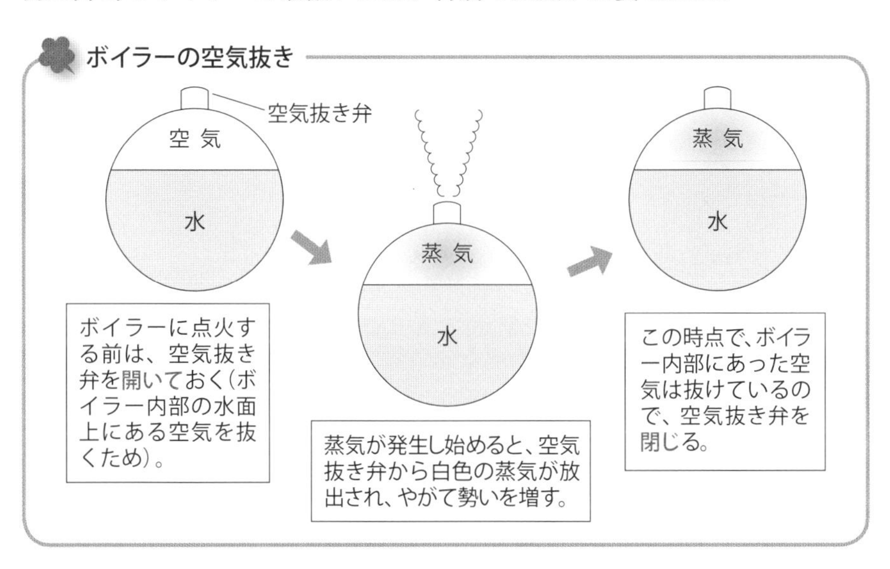

正確には、白く見えるのは湯気で、蒸気が外の空気に冷やされて凝縮し、細かい水滴になったものだ。蒸気そのものは透明なので見えないよ。

出題されるポイントはここだ！

ポイント◎ 1

ボイラーのたき始めには、いかなる場合も、急激に燃焼量を増してはならない。

急激に燃焼量を増加させると、ボイラー本体が不同膨張を起こし、割れなどの原因になる。鋳鉄製ボイラーは、特に急冷急熱による割れを生じやすい。

ボイラーを冷たい水からたき始める場合、低圧ボイラーでは最低１～２時間かけて徐々にたき上げるんだ。

ポイント◎ 2

空気抜き弁は、蒸気が発生し始めるまで開いておく。

白色の蒸気（湯気）の放出を確認してから、空気抜き弁を閉じる。

ポイント◎ 3

ボイラーをたき始めると、ボイラー水の膨張により水位が上昇する。

水面計で、水位が上昇するのを確認する。水面計の水位が動かない場合は、連絡管の弁、またはコックが閉じている可能性がある。

ポイント◎ 4

ボイラーの圧力が上がり始めたら、ボイラー水の吹出しを行う。

膨張により水位が上昇するので、その分の水を排出して常用水位を維持する。同時に、吹出し装置の機能が正常であるか確認し、確実に閉止しておく。

ポイント○ 5

圧力計の指針の動きを注視し、圧力の上昇に応じて燃焼を加減する。

同時に、圧力計の機能の良否を判断し、機能に疑いのあるときは、圧力計の下部コックを閉じて、予備の圧力計に取り替える。

ポイント○ 6

水面計、吹出し弁その他附属品の取付け部、ふた取付け部などに漏れがないか確認する。

漏れのある箇所は、軽く増し締めなどの処置を行う。漏れが簡単に止まらない場合は、ボイラーの運転を停止して処置を行う。

ポイント◎ 7

整備した直後のボイラーを使用する場合は、圧力上昇中と上昇後に、ふたの取付け部の増し締めを行う。

マンホール、掃除穴などのふたの取付け部は、漏れの有無にかかわらず、昇圧中及び昇圧後に増し締めを行う。

こんな選択肢は誤り！

誤った選択肢の例①

ボイラーをたき始めると、~~ボイラー本体~~の膨張により水位が~~下降~~するので、直ちに~~給水~~を行う。

ボイラーをたき始めると、**ボイラー水**の膨張により水位が**上昇**するので、ボイラー水の**吹出し**を行う。

水位を監視するときには、必ず、2個の水面計の水位が同じであることを確認すること！（p.115 参照）

誤った選択肢の例②

水面計に現れている水位が~~かすかに上下に動いている~~ときは、水面計の故障の疑いがある。

運転中のボイラーの水面計は、水位が絶えず上下に微動しているのが普通である。水面計が**まったく動かない**ときは、故障の疑いがある。

ボイラー運転中の取扱い①〈ボイラー水の吹出し〉

レッスンの Point　重要度 ★★☆

ここでは、手動による操作でボイラー底部からボイラー水を吹き出す、間欠吹出しを行う際の注意点などを覚えよう。

必ず覚える基礎知識はこれだ！

蒸気ボイラーの内部では、ボイラー水の蒸発が繰り返されるため、ボイラー水に含まれる不純物の濃度がしだいに高くなり、さまざまな弊害(へいがい)をもたらす。そのため、ボイラー水の吹出しを行って、ボイラー水の濃度を下げることが必要なんだ。ボイラー水の吹出しをブローともいう。

ボイラー水の水面近くに取り付けられた連続吹出し装置により、ボイラー水の吹出しが少量ずつ連続的に行われるが、それ以外に、ボイラー底部に取り付けられた間欠吹出し装置の吹出し弁を手動で開閉することにより、適宜吹出しを行う（p.66 ~ 68 参照）。

間欠吹出しには、ボイラー底部にたまったスラッジを排出する目的もあるよ。

ボイラー水の間欠吹出しは、次のいずれかのときに行う。

①ボイラーを運転する前

②運転を停止したとき

③燃焼が軽く、負荷が低いとき

これらの場合は、スラッジが底部に滞留(たいりゅう)しているので、スラッジを排出する効果が大きいんだ。

出題されるポイントはここだ！

ポイント◎ 1

ボイラー水の吹出しを行っている間は、他の作業を行ってはならない。

他の作業を行う必要が生じた場合は、いったん吹出し作業を中止し、吹出し弁を閉止してから他の作業に取り掛かる。

ポイント○ 2

1人で2基以上のボイラーの吹出しを同時に行ってはならない。

2基以上のボイラーが並んでいる場合に吹出し作業をするときは、吹出しを行おうとしているボイラーの吹出し弁（またはコック）であることを確認する。

ポイント◎ 3

ボイラー底部から吹き出す間欠吹出しは、運転開始前、運転停止時または負荷が低いときに行う。

これらの場合は、スラッジが底部に滞留しているので、スラッジを排出する効果が大きい。

ポイント◎ 4

吹出し弁が直列に2個並んでいる場合は、急開弁を先に開き、次に漸開弁を開いて吹出しを行う。

まず、ボイラー本体に近い急開弁を全開にし、続いて、漸開弁を徐々に開いて吹出しを行う。閉止する場合は、漸開弁→急開弁の順に閉じる（p.68参照）。

急開弁は第一吹出し弁、漸開弁は第二吹出し弁ともいうよ。

ポイント○ 5

水冷壁の吹出しは、運転中に行ってはならない。

水冷壁の吹出しは、スラッジを排出する目的ではなく、ボイラー停止時に、ボイラー水の排水のために行うもので、運転中には行ってはならない。

ここも覚えて 点数 UP ！

鋳鉄製蒸気ボイラーは、通常は吹出しを必要としない。

　鋳鉄製蒸気ボイラーは、一般に暖房用に用いられるもので、復水のほとんどが回収されるので、スラッジの生成は極めて少なく、通常は吹出しを必要としない。ボイラー水の一部を入れ替える場合は、燃焼をしばらく停止するときに吹出しを行う。

鋳鉄製温水ボイラーは、配管のさびまたは水中のスラッジを排出する場合を除いては、吹出しを行わない。

鋳鉄製ボイラーは、そもそも吹出しの必要性があまりないということですね。

鋳鉄製ボイラーは、運転中に吹出しを行うと、給水で冷やされて不同膨張による割れを生じるおそれもあるんだ。

語呂合わせで覚えよう

鋳鉄製蒸気ボイラーの運転中の取扱い

イモを焼くと、ごくまれに吹き出すよ

（鋳物＝鋳鉄製）　　　　（吹出しはまれ）

➡鋳鉄製蒸気ボイラーは、復水のほとんどが回収されるため、スラッジの生成は極めて少なく、吹出しの必要はまれである。

ボイラー運転中の取扱い②〈燃焼の維持・調節〉

重要度 ★★☆

レッスンの Point

ボイラー運転中の燃焼の維持・調節においては、空気量を調節し、燃料と空気の割合を常に適当な範囲に保つことが重要になる。

必ず覚える基礎知識はこれだ！

ボイラーの運転中は、蒸気圧力または温水温度を常に一定に保つために、負荷の変動に応じて燃焼量を増減する必要がある。燃焼量を増減する場合は、燃料量だけでなく、空気量も調節し、燃料と空気の割合を適度に保つことにより、燃料を完全燃焼させることが重要だ。

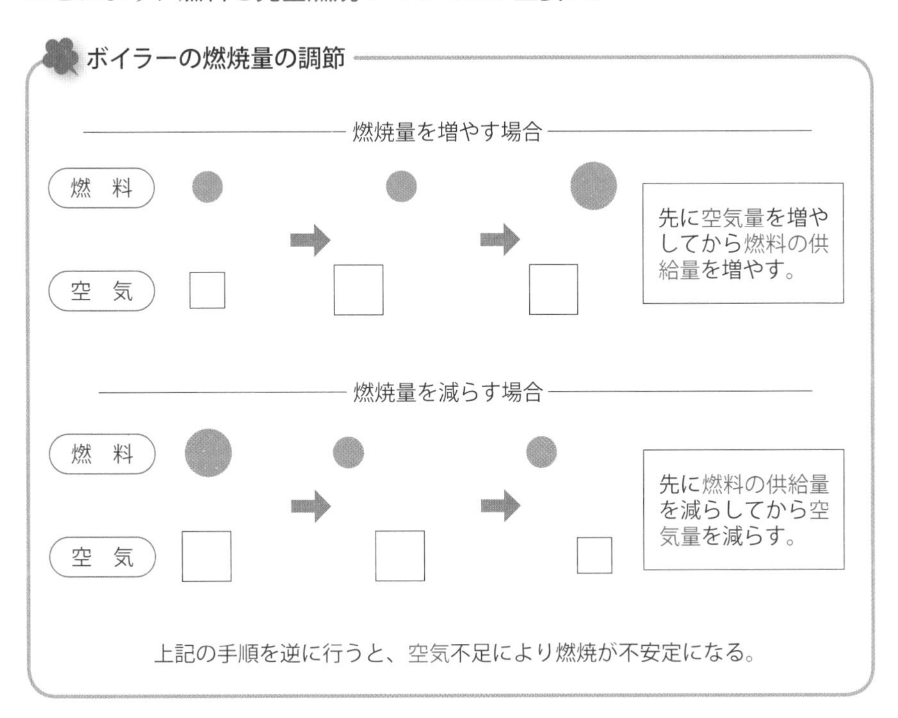

出題されるポイントはここだ！

ポイント◎ 1

ボイラーの燃焼時は、ボイラー本体やれんが壁に火炎が触れないようにする。

のぞき窓から火炎の流れの方向を監視し、ボイラー本体やれんが壁に火炎が触れないように注意する。

ポイント◎ 2

ボイラーの運転中は、蒸気圧力を一定に保つように、負荷の変動に応じて燃焼量を増減する。

ただし、燃焼量を急激に増減してはならない。

蒸気圧力を制御する場合は、燃料量と空気量を操作すると、1章のボイラーの自動制御のところで習いました（p.76参照）。手動で操作する場合も同じですね。

ポイント◎ 3

ボイラーの燃焼量を増やすときは空気量を先に増やし、燃焼量を減らす場合は燃料の供給量を先に減らす。

この順序を逆にすると、空気量が不足し、燃焼が不安定になる。

燃焼時に空気量が不足すると不完全燃焼になり、ばい煙が発生して大気汚染の原因にもなるんだ。

ポイント◎ 4

空気量の過不足は、燃焼ガス中の CO_2、CO、または O_2 の値を計測することにより判断することができる。

空気量が少ないと不完全燃焼になり、CO（一酸化炭素）の割合が大きくなる。空気量が多いときは、O_2 の割合が大きくなる。

ここも覚えて 点数UP！

空気量の過不足は、炎の形と色によっても知ることができる。

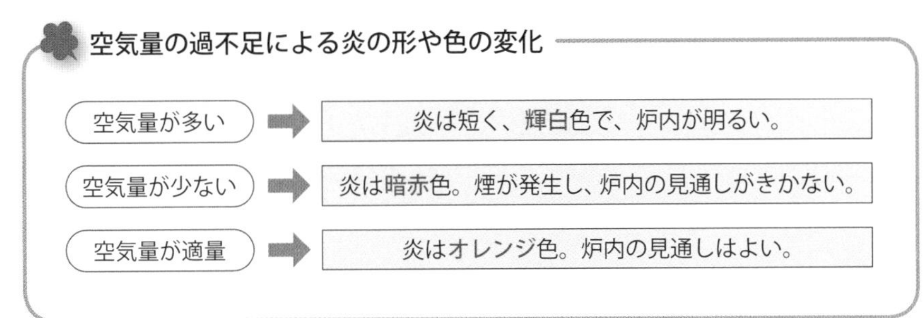

ボイラーの燃焼室に面した外壁には、のぞき窓が設けられ、外部から燃焼状態を確認できるようになっている。ボイラーの運転中は、こまめに燃焼状態を監視し、異常が生じた場合はすぐに対応できるようにしなければならない。上記のように、炎の色や形からも、燃焼状態が良好であるかどうかを判断することができる。

ボイラーのスートブローは、最大負荷よりもやや低いところで行う。

スートブロー（すす吹き）は、主に水管ボイラーの水管外面などに付着したすすを除去するために、ボイラーの運転中に行う操作だ。スートブローには、蒸気または圧縮空気が使用される。スートブローは、最大負荷よりもやや低いところで行うことが望ましく、燃焼量の低い状態で行うと火を消してしまうおそれがある。

スートブローは、必ずドレンを十分に抜いてから行い、一箇所に長く吹き付けないようにする。スートブローの回数は、燃料の種類、負荷の程度、スートブロワの位置、蒸気温度などの条件により異なる。

ボイラー運転中の障害とその対策①〈ボイラー水位の異常〉

レッスンの Point　重要度 ★★☆

ボイラー水位の異常、特に低水位の場合は、重大な事故につながる可能性があるので、速やかに正しい対応をしなければならない。

必ず覚える基礎知識はこれだ！

ボイラー運転中は、常に水面計で水位を確認することが重要だ。もし、水面計に水位が現れない場合は、次のことが考えられるんだ。

①水位が高すぎる。

②水位が低すぎる。

③プライミング、ホーミング（p.107 参照）などが発生している。

このうち、特に重大な事故に直結しやすいのは低水位の場合で、ボイラーの内部が過熱し、最悪の場合は破裂するおそれがある。迅速な判断と処置が必要だよ。

異常低水位になる原因

- 水位の監視不良
- 水面計の機能不良
- ボイラー水の漏れ（吹出し装置の閉止が不完全な場合など）
- 蒸気の大量消費
- 自動給水装置、低水位遮断器の不作動
- 給水不能（給水装置の故障、給水弁の操作不良、給水内管の閉そく、給水温度の過昇など）

ボイラー運転中の事故で、最も重大な結果につながりやすいのは低水位事故だ。低水位事故とは、ボイラー水の水位が安全低水面以下に低下している状態で、さらに燃焼が継続することによって生じる。その結果、炉筒などの伝熱面が露出して過熱状態になり、膨出（ぼうしゅつ）、圧壊（あっかい）、破裂に至るおそれがあるんだ。したがって、ボイラーの運転中は、水位が異常に低下していないかどうか、常に監視を怠らないことが重要だ。

出題されるポイントはここだ！

ポイント 1

ボイラー水位が水面計以下にあることに気づいたときは、速やかに燃料の供給を止め、燃焼を停止する。

燃焼を停止したら、換気を行い、炉を冷却する。

ポイント 2

ボイラー水位が水面計以下にあることに気づいたときは、主蒸気弁を閉じて送気を停止する。

主蒸気弁を閉じて送気を停止し、水位がさらに低下するのを防ぐ。

ポイント 3

ボイラー水位が水面計以下にあることに気づいたときは、給水を行わない。

水面上に露出した伝熱面が急冷されるおそれがあるため、給水は行わない。

水位が安全低水面のあたりであることが明らかなときなどは、給水を行ってもよい場合もある。でも、基本的に異常低水位のときは給水はしないものと覚えておこう。

水位が下がっているのだから、つい水を補給したくなる気がしますが、それは誤りなんですね。

ポイント◎ 4	**鋳鉄製ボイラーの場合は、ボイラー水位が水面計以下にあるときは、いかなる場合も給水を行ってはならない。**

鋳鉄製ボイラーの場合は、給水により本体が急冷され、割れが生じるおそれがあるため、異常低水位のときは、いかなる場合も給水を行ってはならない。

ここも覚えて 点数UP！

ボイラーの使用中に異常事態が発生し、ボイラーを緊急停止するときは、原則として次の順序で操作を行う。

①燃料の供給を停止する。
②炉内、煙道の換気を行う。
③主蒸気弁を閉じ、送気を停止する。
④給水の必要があるときは給水を行い、必要な水位を維持する。
⑤ダンパは開放したままにする。

突然の停電の場合は、上記の操作を行ってから、電源スイッチを切り、バーナを炉から抜き出す。これは、停電が復旧したときに異常な操作が行われないようにするためである。地震の場合は、さらに燃料油タンクの弁を閉じ、油加熱器の電源を停止するなど、火災の予防に努めることが必要である。

ボイラーの緊急停止時の正しい操作順序を問う問題が出題されることもあるよ。

緊急停止時は、まず、燃料の供給を止めること。最低でもこれだけは覚えておきたいですね。

ボイラー運転中の障害とその対策②〈キャリオーバ〉

レッスンの Point

重要度 ★★☆

ボイラーにさまざまな害をもたらすキャリオーバという現象については、その原因や対策も含めて、よく理解しておくことが必要だ。

必ず覚える基礎知識はこれだ！

ボイラー水中に溶解、または浮遊している固形物や水滴が、蒸気に混じってボイラーの外に運び出される現象を、一般にキャリオーバという。キャリオーバには、プライミング、ホーミングなどがある。キャリオーバが発生すると、固形物や水滴が混入して蒸気の純度が低下するほか、さまざまな害が生じるんだ。

キャリオーバの種類

種　類	現　象	原　因
プライミング（水気立ち）	水面から激しく蒸発する蒸気とともに、ボイラー水が水滴となって運び出される。	蒸気流量の急増などによるドラム水面の変動によって生じる。
ホーミング（泡立ち）	ドラム内に泡が発生して広がり、蒸気に水分が混入して運び出される。	溶解性蒸発残留物の過度の濃縮、または有機物の存在によって生じる。

キャリオーバ（carryover）には、「繰り越し」「残り物」などの意味があるよ。宝くじのロトを思い浮かべた人もいるかな？

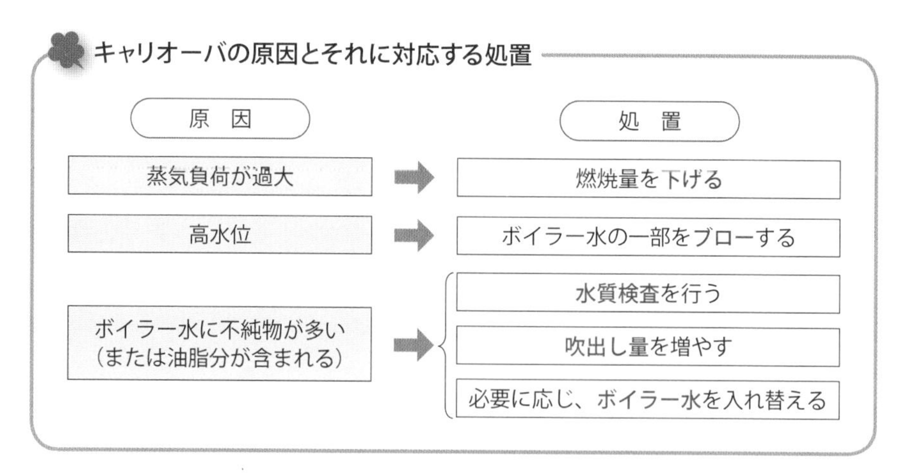

主蒸気弁などを急に開いた場合もキャリオーバが発生しやすいので、徐々に弁を開いて水位の安定を保つようにするんだ。

出題されるポイントはここだ！

ポイント◎ 1

キャリオーバが発生すると、水位を確認しにくくなる。

ボイラー水全体が激しく揺動するので、水面計の水位が確認しにくい。

ポイント◎ 2

キャリオーバが発生すると、安全弁、圧力計、水面計の性能が低下する。

安全弁が汚れたり、圧力計の連絡穴にスケールや異物が詰まったり、水面計の蒸気連絡管にボイラー水が入ったりして、これらの性能が損なわれる。

ポイント○ 3

キャリオーバが発生すると、自動制御関係の検出端の開口部や連絡配管が閉そくしたり、それらの機能が損なわれたりする。

差圧式蒸気流量計、水位制限器及び調節器、圧力制限器及び調節器などの開口部、連絡配管の閉そく、機能の障害をもたらす。

ポイント○ 4	**キャリオーバが発生すると、蒸気とともにボイラーから出た水分が配管内にたまり、ウォータハンマを起こすことがある。**

ウォータハンマにより、配管、弁、継手、蒸気管などが損傷されるおそれがある。

ウォータハンマとは、配管内の水のかたまりが蒸気に押されて、管の曲がり角などに当たって大きな衝撃を与える現象をいう。

ここも覚えて　点数UP！

キャリオーバが発生すると、水位制御装置が誤作動し、低水位事故を起こすおそれがある。

プライミングやホーミングが急激に起きると、水位制御装置が、誤って水位が上がったものと認識し、ボイラー水の水位を下げてしまい、低水位事故を招くおそれがある。対策を講じても、プライミングやホーミングが止まらないときは、ボイラー水の吹出しと給水を数回繰り返し、それでも止まらない場合は、ボイラーを停止して原因を調べる。

キャリオーバが発生すると、過熱器にボイラー水が入り、蒸気温度や過熱度が低下する。

過熱器とは、ボイラー本体で発生する飽和蒸気をさらに加熱して過熱蒸気を作るための装置だ。蒸気を動力として用いる場合は、熱効率を向上させるために過熱蒸気を使用するのが一般的だ。

過熱器がある蒸気ボイラーでキャリオーバが発生すると、過熱器にボイラー水が入り、蒸気温度や過熱度（p.14参照）が低下する。また、過熱器にスケールなどが付着して損傷することもある。スケールとは、ボイラー水に溶解していた石灰などの成分が結晶化し、ボイラーの内面に付着して固まったもので、ボイラーの熱効率を著しく低下させる。

ボイラー運転中の障害とその対策③〈逆火〉

レッスンのPoint　重要度 ★★☆

油だきボイラーの点火時に逆火が生じやすくなるのはどんな場合か、しっかり覚えておこう。

必ず覚える基礎知識はこれだ！

逆火（ぎゃっか）（バックファイヤ）とは、油だきボイラーの点火時などに、たき口から突然火炎が吹き出る現象をいう。逆火が起きると、ボイラーの取扱者が火傷を負うおそれがあるんだ。

逆火は、ボイラーの運転中にバーナの火炎が突然消え、燃焼室の余熱により再び着火した場合にも起きることがあるが、通常はボイラーの点火時に発生しやすい。

逆火とは、ボイラーのたき口付近で、小規模な爆発が起きる現象なんだ。

ボイラーに関係する現象で「逆火」という名が付くものには、次の2つがある。それぞれ、起きる場所も原因も異なる現象だ。漢字で書くとどちらも同じだが読みは異なり、前者を「ぎゃっか」、後者を「さかび」と呼んで区別している。

①逆火（ぎゃっか）（バックファイヤ）：油だきボイラーのたき口から火炎が吹き出る現象（このレッスンで扱う現象）
②逆火（さかび）（フラッシュバック）：気体燃料を予混合（よこんごう）方式で燃焼させる場合に、バーナ内に火炎が戻る現象（p.180参照）

出題されるポイントはここだ！

ポイント○ 1

炉内の通風力が不足していると、逆火が発生する原因になる。

煙道ダンパの開度が不足している場合など、炉内の通風力が不足していると、逆火が発生しやすい。

ポイント◎ 2

点火の際に着火遅れが生じると、逆火が発生する原因になる。

点火用バーナの燃料の圧力が低下している場合も、逆火が発生しやすい。

ポイント◎ 3

空気より先に燃料を供給すると、逆火が発生する原因になる。

ボイラーに点火するときは、まず炉内に空気を供給してから、燃料の供給を行う。この順序を逆にすると、逆火が発生する原因になる。

ボイラーに点火するときや、燃焼量を増やすときは、空気を先に供給し、燃料は後から。これが基本ですね。

逆火が生じた場合の点検事項

- 通風は悪くないか
- 燃料（重油）の温度は適当か
- 重油に水分、空気、ガスなどが含まれていないか
- 無理だきしていないか
- バーナが汚損していないか
- バーナの位置、煙道の構造等に欠陥はないか

ポイント〇	燃焼中のバーナの火炎を利用して他のバーナに点火すると、逆火が発生する原因になる。
4	

複数のバーナを有するボイラーで、他のバーナの火炎を利用してバーナに点火してはならない。手動で点火する場合は、必ず点火用火種を用いる。

ボイラーの点火時に逆火が発生した場合は、正しい手順で点火が行われなかった可能性がある。あるいは、燃焼装置やボイラー本体のどこかに異常がある可能性も考えられる。いずれにしても、そのまま放っておかずに、原因を調べてきちんと対策を講じることが重要だ。

ここも覚えて 点数UP！

ボイラーの運転中バーナが異常消火したときは、直ちに燃料弁を閉めて、異常の有無を点検する。

バーナの燃焼が人為的でなく突然消火したときは、直ちにバーナの燃料弁を閉めて異常の有無を点検し、必要な措置を講じなければならない。

異常消火が起きた場合の点検事項

- 燃料遮断装置が動作していないか ➡ 動作している場合は原因を調べる
- バーナの噴油口が詰まっていないか
- 油ろ過器が詰まっていないか
- 燃料弁を絞りすぎていないか
- 噴油量に対して燃焼用空気量が多すぎないか
- 燃料油に水分、空気またはガスが多く含まれていないか
- 停電していないか
- （蒸気噴霧式バーナの場合）蒸気に水分が含まれていないか
- 噴射蒸気や噴霧空気の圧力が強すぎないか
- 油の温度が低すぎないか

ボイラーの停止

レッスンのPoint

重要度 ★★☆

ボイラーの運転を停止するときの正しい手順や、その際に守らなければならない注意事項などをしっかり覚えよう。

必ず覚える基礎知識はこれだ！

ボイラーを点火するときと同様に、ボイラーの運転を停止する場合も、正しい手順にしたがって操作を行うことが重要だ。一般に、運転を終了するときは、下記の操作順序による。

①燃料の供給を停止する。
②空気を送入し、炉内や煙道の換気を行う（ポストパージ）。
③給水を行い、圧力を下げてから給水弁を閉じ、給水ポンプを止める。
④蒸気弁を閉じ、ドレン弁を開く。
⑤ダンパを閉じる。

ボイラーを緊急停止するときの操作順序（p.106参照）とは、共通する部分も多いけれど、違う部分もあることに注意しよう。

ボイラーを停止する際の一般的な注意事項には、次のようなものがある。

- 蒸気の使用先に連絡し、必要な蒸気を残して運転を止める。
- ボイラーの圧力を急に下げない。
- れんが積みのボイラーの場合、れんが積みの余熱で圧力が上昇するおそれがないことを確かめてから主蒸気弁を閉じる。
- ボイラー水は、常用水位よりもやや高めに給水しておく。
- 他のボイラーと蒸気管が連絡している場合は、連絡弁を閉じる。

出題されるポイントはここだ！

ポイント◎ 1

ボイラーを停止する場合は、最初に燃料の供給を停止する。

①燃料の供給停止→②炉内、煙道の換気→③給水、給水弁の閉止、給水ポンプの停止→④蒸気弁を閉じ、ドレン弁を開く→⑤ダンパを閉じる、の順。

試験では、ボイラー停止の際の操作手順を、正しい順序に並べた選択肢を答える問題が出題されることが多い。最初の操作がわかっているだけでも、選択肢がだいぶ絞れるよ。

ここも覚えて 点数UP！

ボイラーの清掃を行う場合などは、ボイラーの運転を停止し、ボイラー水を全部排出して、ボイラーを冷却することが必要だ。その場合の操作手順は、次のようになる。

①ボイラーの水位を常用水位に保つよう給水を続けながら、蒸気の送り出しを徐々に減らす。

②燃料の供給を停止する（石炭だきの場合は、燃料を完全に燃えきらせる）。

③押込（おしこみ）ファンを止める。自然通風の場合はダンパを半開にし、たき口と空気口を開いて炉内を冷却する。

④ボイラーの圧力がないことを確かめてから、給水弁、蒸気弁を閉じ、空気抜き弁その他の蒸気部の弁を開いて、ボイラー内が真空になるのを防ぐ。

⑤排水がフラッシュしないように、ボイラー水の温度が90℃以下になってから、吹出し弁を開いてボイラー水を排出する。

※フラッシュとは、高温高圧の水が減圧されたときに一部が蒸発する現象。

附属品及び附属装置の取扱い①〈水面測定装置〉

レッスンのPoint　重要度 ★★☆

水面測定装置（水面計）については、機能試験を行う時期や、水面計が取り付けられている水柱管の取扱いなどを覚えよう。

必ず覚える基礎知識はこれだ！

水面測定装置は、ボイラーの水位を知るための重要な装置なので、その機能を常に正常に保持するように努めなければならない。水面測定装置は、原則として１つのボイラーに２個以上必要で、そのすべてが正常に機能していることが大切なんだ。通常用いられる水面測定装置は、ガラス水面計だ。

水面計が２個あるからといって、１個は予備ということではない。２個の水面計がともに正常に機能し、同じ水位を示していることを確認することで、初めて正確な水位がわかるんだ。

以下のようなときは、水面計の機能試験を行う。

①残圧（ざんあつ）がある場合は、ボイラーをたき始める前
②残圧がない場合は、ボイラーをたき始めて、蒸気圧力が上がり始めたとき
③２個の水面計の水位に差異が認められたとき
④水位の動きがにぶく、正しい水位かどうか疑わしいとき
⑤ガラス管の取替え、その他の補修を行ったとき
⑥キャリオーバ（プライミング、ホーミングなど）が生じたとき
⑦取扱い担当者が交替し、次の者が引き継いだとき

出題されるポイントはここだ！

ポイント◎ 1

ボイラーの点火前に残圧がある場合は、たき始める前に水面計の機能試験を行う。

残圧がない場合は、たき始めて、蒸気圧力が上がり始めたときに水面計の機能試験を行う。

ポイント◎ 2

2 個の水面計の水位に差異が認められたときは、水面計の機能試験を行う。

2 個の水面計が異なる水位を示している場合、少なくともどちらかの水面計の機能に異常があることが疑われる。

水面計の機能が正常に保たれているかどうかを、常にチェックすることが重要なんですね。

ポイント◎ 3

水面計が取り付けられている水柱管の連絡管の途中にある止め弁は、全開したままハンドルを取りはずしておく。

水柱管の連絡管の途中にある止め弁の開閉を誤認しないようにする。誤認しやすい場合は、止め弁を全開したままハンドルを取りはずしておく。

ポイント◎ 4

水柱管の水側連絡管は、ボイラー本体から水柱管に向かって下がりこう配となるような配管を避ける。

上記のような配管では、水側連絡管の途中にスラッジがたまりやすい。

ポイント◎ 5

水柱管のブローは、毎日 1 回行う。

水柱管下部のブロー管により毎日 1 回ブローを行い、水側連絡管にたまったスラッジを排出する。

ポイント○ 6

連絡管が煙道内を通る部分は、耐火材などを巻いて熱防護を施す。

外だき横煙管ボイラーのように水柱管の連絡管が煙道内を通る場合は、燃焼ガスに触れる部分に耐火材などを巻いて、完全に熱防護を施しておく。

ここも覚えて　点数UP！

水面計のコックは、通常のコックとは異なり、ハンドルが管軸に対して直角方向になったときに開くようになっている。

水面計のコック

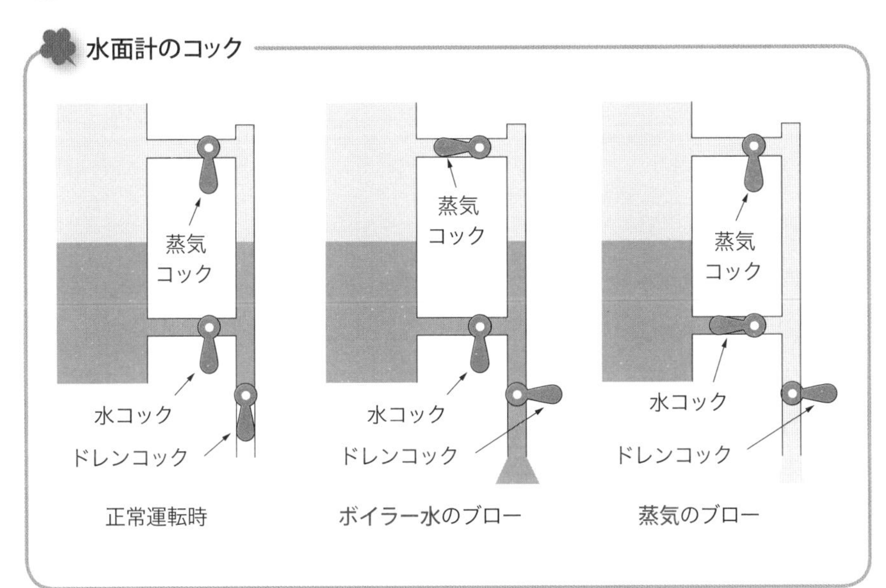

正常運転時にすべてのコックのハンドルが下向きになるように、通常のコックとは開閉時のハンドルの向きが逆になっているんだ。これを忘れると誤操作するおそれがあるよ。

附属品及び附属装置の取扱い②〈安全弁〉

レッスンの Point　重要度 ★★☆

安全弁は、ボイラーの圧力を一定に保つという重要な役割をもっている。その機能が損なわれていないか、常に確認することが重要だ。

必ず覚える基礎知識はこれだ！

安全弁や逃がし弁は、規定の圧力に調整し、その圧力になったときに正確に作動するように、機能の維持に努めなければならない。安全弁が吹いたときは、圧力計の指示圧力を読み取り、安全弁が設定圧力で作動したかどうかを必ず確認する。設定圧力で作動しない場合は調整が必要だ。

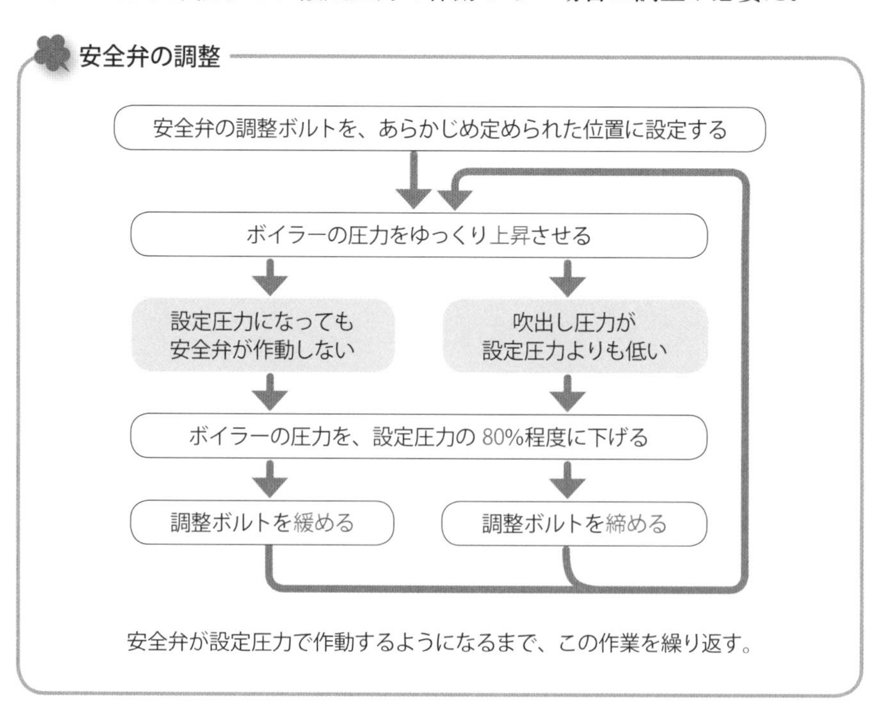

出題されるポイントはここだ！

ポイント◎ 1

安全弁の調整を行うときは、ボイラーの圧力をゆっくり上昇させ、安全弁の吹出し圧力と吹止まり圧力を確認する。

ボイラーの圧力をゆっくり上昇させると、安全弁が作動して蒸気が噴き出し、圧力が下がると弁が閉じる。それぞれの時点での圧力を確認する。

ポイント◎ 2

設定圧力になっても安全弁が作動しない場合は、直ちにボイラーの圧力を設定圧力の80%程度に下げる。

ボイラーの圧力を設定圧力の80%程度に下げ、安全弁の調整ボルトを緩めてから、再度試験を行う。

安全弁の吹出し圧力が設定圧力より低いときも、ボイラーの圧力をいったん設定圧力の80%程度に下げる。この場合は、調整ボルトを締めてから再度試験を行うんだ。

ポイント○ 3

1個の安全弁を最高使用圧力以下で作動するよう調整した場合、他の安全弁を最高使用圧力の3%増し以下で作動するよう調整できる。

ボイラーに安全弁が2個設けられていて、1個の安全弁を最高使用圧力以下で作動するように調整した場合は、他の安全弁は上記のように調整してよい。

ポイント◎ 4

エコノマイザの逃がし弁は、ボイラー本体の安全弁よりも高い圧力に設定する。

ただし、エコノマイザの最高使用圧力を超えてはならない。

エコノマイザの逃がし弁が、ボイラー本体の安全弁よりも先に吹き出すと、ボイラー本体に給水が供給されなくなるおそれがあるからですね。

ポイント○ 5

過熱器の弁は、ボイラー本体の安全弁よりも先に吹き出すように調整する。

ボイラー本体の安全弁が先に吹くと、過熱器の蒸気の流れを妨げて過熱器を焼損させるおそれがある。

安全弁は、過熱器 → ボイラー本体 → エコノマイザの順に吹き出すようにするんですね。

ポイント○ 6

安全弁の手動試験は、最高使用圧力の 75%以上の圧力で行う。

安全弁の手動試験は、最高使用圧力の 75%以上の圧力のときに行う。手動試験では、試験用レバー（p.55 の図参照）で弁を作動させる。

ポイント○ 7

安全弁に蒸気漏れがある場合は、速やかに修理を行う。

安全弁に蒸気漏れがあるまま放置すると、弁体や弁座が著しく損傷したり、ばねが腐食するおそれがある。

安全弁から蒸気漏れがあるときの点検事項

- 弁体と弁座のすり合わせは悪くないか
- 弁体と弁座の間にごみなどの異物が付着していないか
- 弁体と弁座の中心がずれて、当たり面の接触圧力が不均一になっていないか
- ばねが腐食して、弁を押し下げる力が弱くなっていないか

蒸気漏れがあるときは、試験レバーを動かして弁の当たりを変えてみる。

安全弁が作動しない場合は、以下のような原因が考えられる。

- ばねを締めすぎている。
- 弁体円筒部と弁体ガイド部のすき間が少なく、熱膨張（ねつぼうちょう）などにより密着している。
- 弁棒に曲がりがあり、貫通部に弁棒が強く密着している。

安全弁が正しく機能しないと、ボイラー内部の圧力が異常に上昇して、重大な事故につながるおそれがあるよ。

ここも覚えて 点数UP！

最高使用圧力の異なるボイラーが連絡している場合、各ボイラーの安全弁は、最高使用圧力の最も低いボイラーを基準にして調整する。

最高使用圧力の異なるボイラーが連絡している場合①

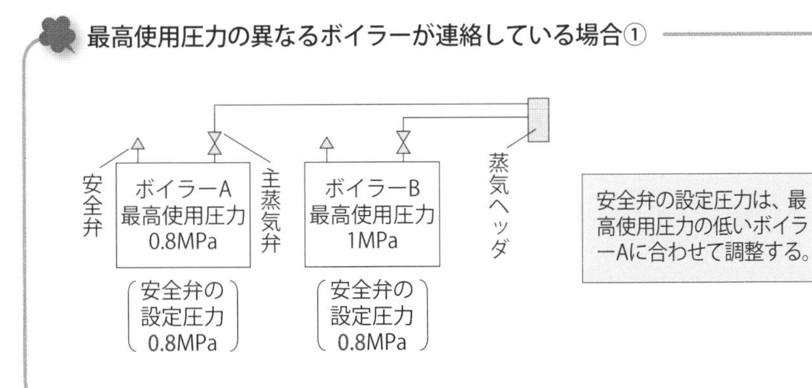

この場合、ボイラーBは、最高使用圧力で使用することができませんね。

各ボイラーの安全弁を、それぞれの最高使用圧力に調整したい場合は、圧力の低いボイラー側に蒸気逆止め弁を設けるか、それぞれを単独に配管する。

最高使用圧力の異なるボイラーが連絡している場合②

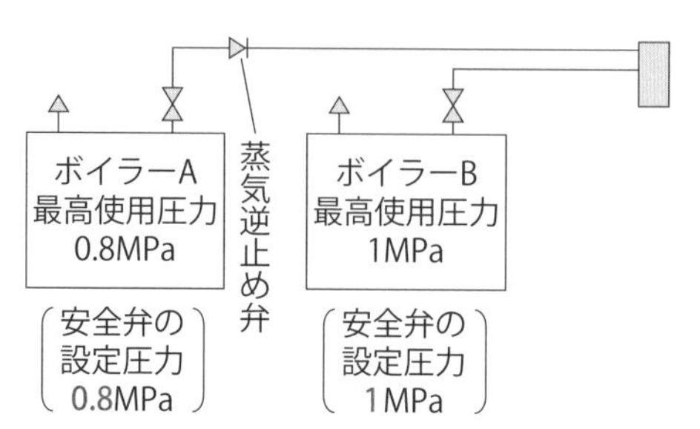

最高使用圧力の低いボイラーA側に蒸気逆止め弁を設けるか、それぞれのボイラーを単独に配管する。

この場合、ボイラーＡ側に蒸気逆止め弁を設けないと、ボイラーＢで発生した蒸気がボイラーＡに逆流し、ボイラーＡの蒸気圧力が最高使用圧力を超えてしまうおそれがあるんだ。

蒸気逆止め弁を設けることによって、どちらのボイラーも最高使用圧力で使用することができるんですね。

蒸気逆止め弁（ノンリターンバルブ、またはチェックバルブ）は、ボイラーが正常に運転している間は弁が開いているが、蒸気の入口側の圧力が出口側の圧力より低くなると、出口側の圧力により弁が閉じられ、蒸気の逆流を防止する機構をもつ。２基以上のボイラーが蒸気出口で同一管系に連絡している場合は、ボイラーの最高使用圧力が異なるかどうかにかかわらず、蒸気逆止め弁を設けるのが普通である（p.59参照）。

附属品及び附属装置の取扱い③〈ディフューザポンプ〉

レッスンの Point　重要度 ★★☆

ボイラーに給水するディフューザポンプの取扱いについて覚えよう。特に、運転、停止時の弁の開閉の手順は、しっかり押さえておこう。

必ず覚える基礎知識はこれだ！

蒸気ボイラーの給水ポンプとしては、主に、高圧用にはディフューザポンプ、小容量のボイラーでは渦巻ポンプが用いられる。ディフューザポンプの取扱いに関する問題は、試験によく出るぞ。給水ポンプは、内部に空気が入ると機能が低下し、正常な給水ができなくなるので、ポンプの吸込み側から空気を吸い込まないようにすることが重要なんだ。

ディフューザポンプの起動と停止

起動する場合

吸込み弁を全開にし、吐出し(はきだ)弁を全閉にする。

ポンプ駆動用の電動機を起動する。

吐出し弁を徐々に開き、全開にする。

停止する場合

吐出し弁を徐々に絞り、全閉にする。

電動機の運転を停止する。

ポンプの運転を停止するときは、起動するときの操作を逆に行うことになるね。

出題されるポイントはここだ！

ポイント◎ 1

ディフューザポンプを起動する前に、ポンプ内とポンプ前後の配管内の空気を十分に抜いておく。

ポンプ内の空気抜きを行うときは、空気抜きコックを全開にし、呼び水口から注水して、空気が抜けて満水になったら空気抜きコックを全閉にする。

ポイント◎ 2

ディフューザポンプを起動するときは、吸込み弁を全開にし、吐出し弁を全閉にしておく。

起動後に、ポンプの回転と水圧が正常になったら、吐出し弁を徐々に開いて給水を開始する。

ポイント◎ 3

ディフューザポンプを停止するときは、吐出し弁を徐々に閉め、全閉にしてから、ポンプ駆動用電動機を止める。

停止時の操作は、起動時とは反対の順序になる。

ポイント◎ 4

運転中は、ポンプの吐出し圧力、流量、負荷電流が適正であることを確認する。

給水ポンプの吐出し側に圧力計を取り付け、給水圧力により、給水管系の異常を早めに予知する。電流計には、正常運転時の負荷電流を表示しておく。

ポンプに流れる電流の大きさによっても、ポンプの異常を知ることができるんですね。

ポイント○ 5

ディフューザポンプの吐出し弁を閉じたまま長く運転してはならない。

吐出し弁を閉じたままで長時間運転すると、ポンプ内の水温が上昇して過熱を起こす。

ここも覚えて 点数UP！

ディフューザポンプの軸の周りから水が漏れだしたり、外部の空気が入ったりしないように、軸をシール（密封）する。その方式には２種類あるよ。

ディフューザポンプの軸をシールする方式には、グランドパッキンシール式とメカニカルシール式の２種類がある。それぞれの方式によって、パッキンの締め付け方が異なるので注意しよう。

ディフューザポンプの軸をシールする方式

方　式	パッキンの締め付け方
グランドパッキンシール式	運転中に少量の水が連続して滴下する程度にパッキンを締め、なおかつ締めしろが残っていることを確認する。
メカニカルシール式	水漏れがないことを確認する。

グランドパッキンシール式の場合、パッキンを冷却し、潤滑をよくするために少量の漏れが必要なんだ。締めしろを残すのは、運転中に増し締めをするためだよ。

漏れが多すぎるときは、増し締めをするんですね。

附属品及び附属装置の取扱い④〈水位検出器〉

レッスンのPoint　重要度 ★☆☆

水位検出器の種類による作動原理の違いを理解し、それぞれの水位検出器の点検・整備のポイントを押さえておこう。

必ず覚える基礎知識はこれだ！

ボイラーの水位制御に使用される機器には、フロート式水位検出器、電極式水位検出器、熱膨張管式水位調整装置の３種類がある（このうち、熱膨張管式水位調整装置は、現在はほとんど使われていない）。これらは、それぞれ作動原理が異なるので、点検・整備の仕方も違うんだ。

マイクロスイッチ式フロート水位検出器の例

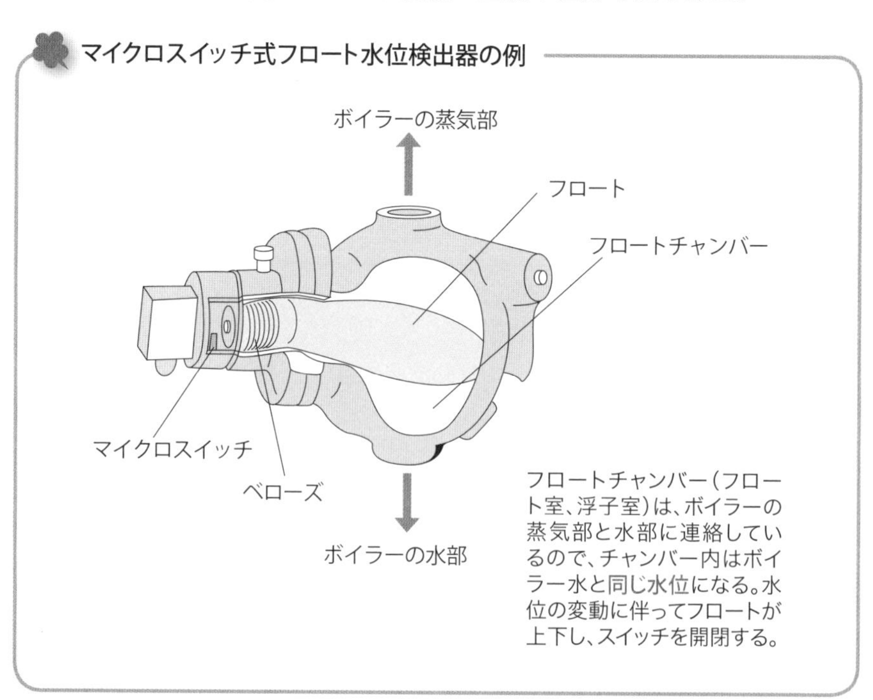

電極式水位検出器の例

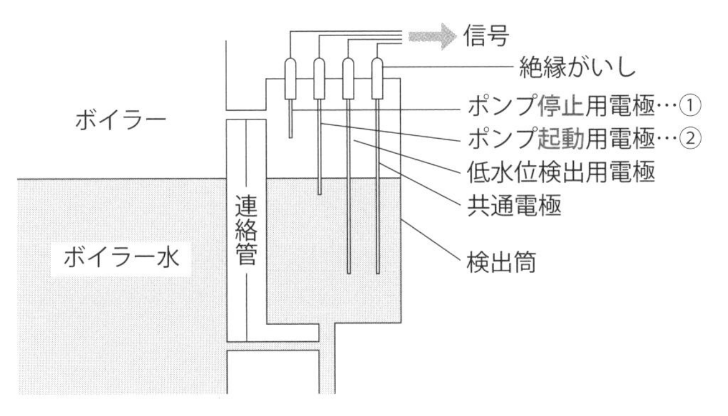

ボイラー水の水位が電極①に達するとポンプが停止され、
水位が下がって電極②を下回るとポンプが起動される。

出題されるポイントはここだ！

ポイント◎ 1

フロート式水位検出器は、1日に1回以上、作動を確認するためフロート室のブローを行う。

フロート室や連絡配管の汚れ、詰まりを防止するため、1日に1回以上ブローを行う。また、1年に1～2回程度、フロート室内を解体して点検・整備を行う。

ポイント◎ 2

フロート式水位検出器のマイクロスイッチ端子間の電気抵抗は、スイッチ閉のときにゼロ、スイッチ開のときに無限大となる。

スイッチ閉のときに電気抵抗はゼロ、電流は最大になり、スイッチ開のときに電気抵抗は無限大、電流はゼロになる。

ポイント○ 3

電極式水位検出器は、1日に1回以上、実際にボイラー水の水位を上下させて作動状況を確認する。

電極式水位検出器は、1日に1回以上、実際にボイラー水の水位を上下させることにより、作動状況の異常の有無を確認する。

ポイント○ 4

電極式水位検出器は、1日に1回以上、検出筒内のブローを行う。

1日に1回以上、検出筒内のブローを行い、蒸気の凝縮により水の純度が高くなって電気伝導率が低下するのを防ぐとともに、筒内を清掃する。

ポイント○ 5

電極式水位検出器は、1年に1～2回程度、検出筒を分解し、内部を清掃する。

その際に、電極棒を目の細かいサンドペーパーで磨き、付着物を落として電流を通しやすくするとともに、曲がりや損傷を補修する。

こんな選択肢は誤り！

誤った選択肢の例

電極式水位検出器は、1日に1回以上、検出筒内のブローを行い、蒸気の凝縮により水の純度が~~低下~~し、電気伝導率が低下するのを防ぐ。

蒸気の凝縮により水の純度が高くなり、電気伝導率が低下するのを防ぐために検出筒内のブローを行う。

水は、純度が高いほうが電気を通しにくいんですね。なぜだろう？

水の中に溶け込んでいる電解質（水溶液中で陽イオンと陰イオンに分かれる性質をもつ物質）が少なくなると、電気を通しにくくなるんだ。

ボイラーの保全〈酸洗浄〉

レッスンのPoint　重要度 ★★☆

ボイラーの保全については、酸洗浄に関する問題がよく出題されている。酸洗浄の目的や使用する薬液、作業の工程などを覚えよう。

必ず覚える基礎知識はこれだ！

ボイラーの使用に伴い、ボイラーの内面（ボイラー水や蒸気のある側）にはスケールやスラッジが生成し、外面には燃焼生成物のすすや灰が付着する。これらは、ボイラーの伝熱を著しく妨げ、ボイラー効率を低下させる要因となるため、定期的に清掃を行わなければならないんだ。

ボイラー清掃の目的

内面清掃	外面清掃
• スケール、スラッジによるボイラー効率の低下を防ぐ。 • スケールの付着や腐食の状態などから、水管理の良否を判断する。 • スケール、スラッジによる過熱を防ぎ、腐食、損傷を防止する。 • 穴や管の閉そくによる運転機能の障害を防止する。 • ボイラー水の循環障害を防止する。	• すすの付着によるボイラー効率の低下を防ぐ。 • すすの付着状況から、燃焼管理の良否を判断する。 • 灰のたい積による通風障害を除去する。 • 外部腐食を防止する。

ボイラー内部の清掃作業は、機械的清掃法、または酸洗浄法によって行われるよ。

出題されるポイントはここだ！

ポイント◎ 1

酸洗浄とは、薬液に酸を用いてボイラー内を洗浄し、スケールを溶解除去するものである。

酸洗浄には、通常、塩酸がよく用いられる。

ポイント◎ 2

酸洗浄を行うときは、酸によるボイラーの腐食を防止するため、抑制剤（インヒビタ）が添加される。

酸に少量の抑制剤を添加することにより、酸の腐食作用を抑制することができる。

酸の腐食作用により、管類などが腐食されるおそれがあるので、抑制剤を添加するんだ。

ポイント◎ 3

酸洗浄を行った後は、水洗してから中和防錆（ぼうせい）処理を行う。

酸洗浄の処理工程は、①前処理→②水洗→③酸洗浄→④水洗→⑤中和防錆処理の順である。

ポイント◎ 4

シリカ分の多い硬質スケールを酸洗浄するときは、所要の薬液で前処理を行う。

前処理として、薬液でスケールを膨潤（ぼうじゅん）させることにより、酸洗浄をより効果的に行うことができる。

ポイント○ 5

塩酸を使用する酸洗浄の作業中は、水素が発生するので、ボイラー周辺を火気厳禁とする。

酸液の注入を開始してから酸洗浄が終了するまでの間、ボイラー周辺での火気の使用を禁止する。

塩酸の化学式はHCl。その中の塩素（Cl）が他の物質と反応すると、残った水素原子（H）が水素（H_2）になるんだ。

水素は爆発しやすい気体ですから、火気を近づけないように十分注意しなければなりませんね。

ここも覚えて 点数UP！

休止中のボイラーの水側の保存法には、乾燥保存法と満水保存法がある。

ボイラーを休止する場合、休止期間中の保存状態が悪いとボイラーの内外面に腐食を生じ、ボイラーの寿命を著しく短縮させてしまう。よって、休止中の保存法がとても重要である。

ボイラーの外面、つまり燃焼室側や煙道は、休止中に湿気を帯びやすいので、すすや灰を完全に除去してから防錆油または防錆剤を塗布する。ボイラーの内面、つまりドラム内など水側の保存法には、乾燥保存法と満水保存法がある。

乾燥保存法は、休止期間が長期にわたる場合や、凍結のおそれがある場合に採用される方法で、以下のように行う。

①ボイラー水を全部排出して内外面を清掃した後、少量の燃料を燃焼させ、完全に乾燥させる。

②ボイラー内に蒸気や水が漏れ込まないように、蒸気管、給水管は完全に外部との連絡を断つ。

③吸湿剤を容器に入れ、ボイラー内の数箇所に配置し密閉する。

④１～２週間後に吸湿剤を点検し、その結果により吸湿剤の増減や取替え時期をきめる。

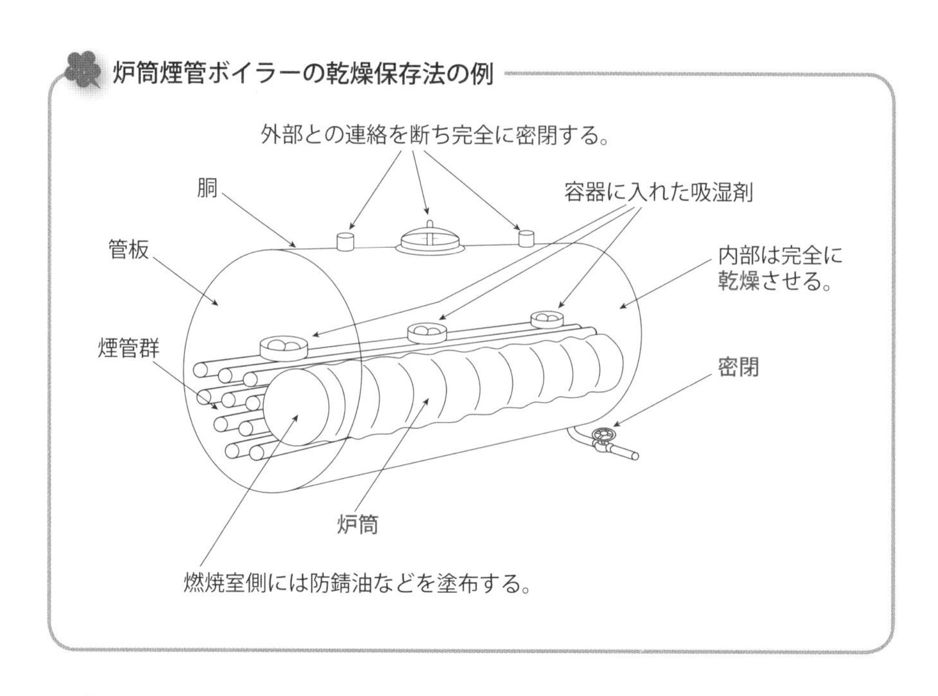

満水保存法は、ボイラーに水を満たし、保存剤を入れて保存する方法で、休止期間が3か月程度以内の場合や、緊急時の使用に備えて休止する場合に採用される。凍結のおそれがある場合は採用してはならない。

保存水の管理は、月に1～2回、pH、鉄、薬剤濃度を測定し、保存剤の濃度が所定の値に維持されていることを確認する。

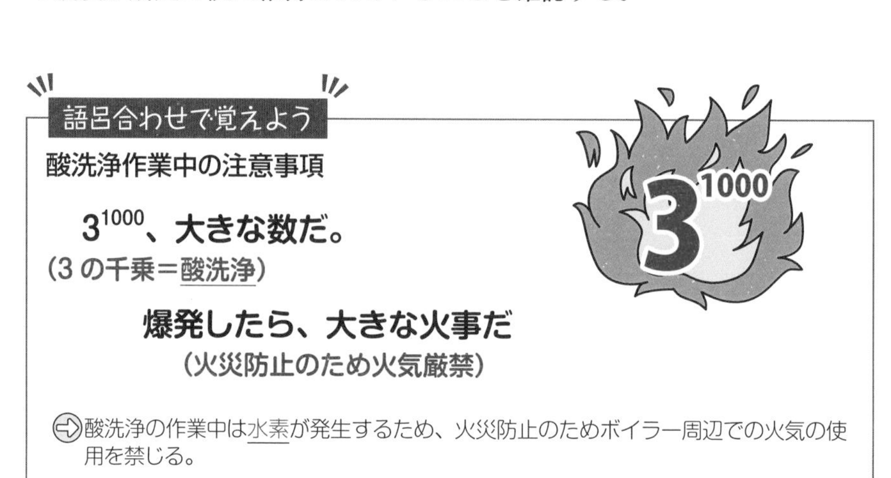

ボイラーの水管理①〈pH・酸消費量・硬度〉

重要度 ★★☆

レッスンのPoint

水（水溶液）の性質を表す、pH、酸消費量、硬度の意味を覚えよう。
酸とアルカリ、酸性とアルカリ性を取り違えないよう注意。

必ず覚える基礎知識はこれだ！

水は、水素原子２個と酸素原子１個からなる物質（H_2O）で、純粋なものは無色、無味、無臭であり、常温では液体だ。しかし、実際の水には、ほとんどの場合、さまざまな不純物が含まれていて、それらの含有成分によって、水の性質、つまり水質が異なるんだ。水（水溶液）の性質は、pH、酸消費量、硬度（こうど）などで表される。

pH（ピーエィチ、またはペーハー）は、水素イオン指数ともいい、水溶液に含まれる水素イオンの濃度を表している。1気圧、25℃においてpHが７の水溶液は中性、７未満のものは酸性、７を超えるものはアルカリ性だ。

pHと水の性質

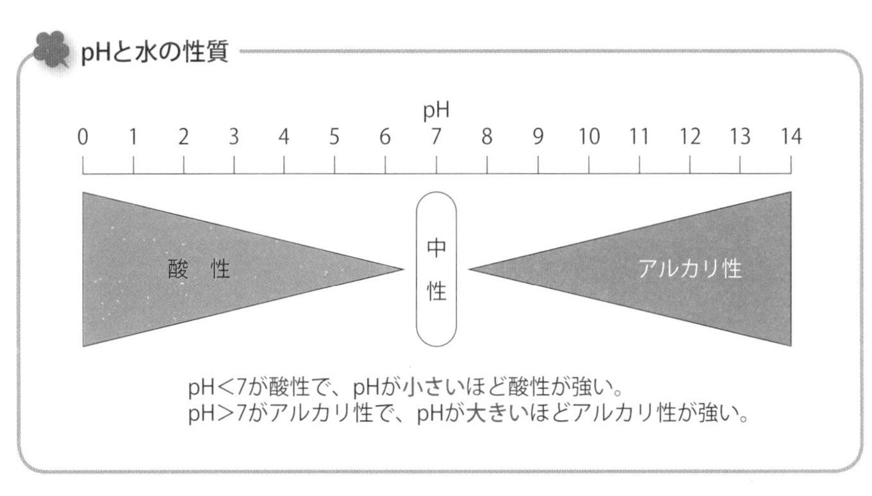

pH<7が酸性で、pHが小さいほど酸性が強い。
pH>7がアルカリ性で、pHが大きいほどアルカリ性が強い。

出題されるポイントはここだ！

ポイント◎ 1

水溶液が酸性であるか、アルカリ性であるかは、水中の水素イオンと水酸化物イオンの量によってきまる。

1気圧、25℃において、pH（水素イオン指数）が7の水溶液は中性、7未満のものは酸性、7を超えるものはアルカリ性である。

ポイント◎ 2

酸消費量とは、水中に含まれるアルカリ分の量を示す値である。

酸消費量は、水中に含まれる水酸化物、炭酸塩、炭酸水素塩などのアルカリ分の量を示す。

ポイント◎ 3

酸消費量には、酸消費量（pH4.8）と、酸消費量（pH8.3）がある。

酸消費量（pH4.8）は、水中に含まれるアルカリ分をpH4.8まで中和するのに必要な酸の量を表している。酸消費量（pH8.3）も同様である。

酸消費量は、アルカリ度ともいい、水中にアルカリ分がいかに多く含まれているかを表す値だよ。酸の量を表す値ではないことに注意しよう。

アルカリ分を中和するのに必要な酸の量によって、アルカリ分の量を表すんですね。ちょっとややこしいな…。

ポイント◎ 4

全硬度とは、水中のカルシウムイオン及びマグネシウムイオンの量を、それに対応する炭酸カルシウムの量に換算した値である。

全硬度は、水中のカルシウムイオン及びマグネシウムイオンの量を、炭酸カルシウム（$CaCO_3$）の量に換算し、1L当たりのmg数で表した値である。

水中のカルシウムイオンの量を表すのがカルシウム硬度、水中のマグネシウムイオンの量を表すのがマグネシウム硬度、それらの和が**全硬度**である。

一般に、硬度が比較的高い水は硬水（こうすい）、硬度の低い水は軟水（なんすい）とよばれている。硬水には、マグネシウムイオンやカルシウムイオンが多く含まれ、軟水は、それらの含有量が少ない。WHO（世界保健機関）の定義によると、硬度 120mg/L 未満の水が軟水、硬度 120mg/L 以上の水が硬水とされている。

硬水、軟水という言葉はよく耳にしますね。ミネラルウォーターの容器にも書いてあります。

南西諸島などの一部の地域を除いて、日本の多くの地域の水は軟水だといわれているよ。

こんな選択肢は誤り！

誤った選択肢の例①

酸消費量は、水中に含まれる~~酸化物など~~の量を示す値である。

酸消費量は、水中に含まれる**水酸化物**、炭酸塩、炭酸水素塩などの**アルカリ分**の量を示す値である。

誤った選択肢の例②

マグネシウム硬度は、水中のマグネシウムイオンの量を、それに対応する~~炭酸マグネシウム~~の量に換算した値である。

マグネシウム硬度は、水中のマグネシウムイオンの量を、それに対応する**炭酸カルシウム**の量に換算した値である。

ボイラーの水管理②〈ボイラー水中の不純物〉

レッスンの Point　重要度 ★★☆

ボイラー水中に含まれる不純物にはどのようなものがあり、それらがボイラーにどのような影響を与えるのかを知ろう。

必ず覚える基礎知識はこれだ！

ボイラー水中に含まれる不純物には、溶存（ようぞん）気体と全蒸発残留物がある。これらの不純物は、ボイラー水の蒸発によって濃縮され、ボイラーにさまざまな障害をもたらすので、不純物を除去したり、不純物の濃度を下げたりすることが重要なんだ。

ボイラー水中の不純物

状　態		物　質	不純物によるボイラーの障害
溶存気体		酸素（O_2）、二酸化炭素（CO_2）など	鋼材の腐食の原因になる。
全蒸発残留物	溶解性蒸発残留物	①カルシウム、マグネシウムの化合物 ②シリカ化合物 ③ナトリウム化合物	ボイラー水の蒸発に伴って濃縮され、スケール※やスラッジ※となって、伝熱面の腐食や伝熱管の過熱の原因になる。
	懸濁物（けんだくぶつ）	泥、砂、有機微生物、水酸化鉄など	キャリオーバ（p.107 参照）の原因になる。

※スケール：溶解性蒸発残留物が管壁、ドラムその他の伝熱面に固着したもの。
※スラッジ：固着せずにドラム底部などに沈積する軟質の沈殿物。

ボイラー水中の不純物の中でも、溶解性蒸発残留物から生成されるスケールやスラッジは、ボイラーにさまざまな害をもたらすので、スケールの固着や、スラッジの蓄積をできるかぎり防ぐことが重要だ。スケール、スラッジによる害には、次のようなものがある。

①炉筒や水管などの伝熱面を過熱させる。

②熱の伝達を妨げ、ボイラー効率を低下させる。

③成分によっては、炉筒、水管、煙管などを腐食させることがある。

④水管の内面に付着し、水の循環を悪くする。

⑤ボイラーに連結する管やコック等を詰まらせる。

出題されるポイントはここだ！

ポイント◎1　溶存気体の酸素や二酸化炭素は、鋼材の腐食の原因になる。

酸素は直接腐食作用をもつほか、他の物質と反応して腐食を助長させる。二酸化炭素は、酸素と共存すると助長し合い、腐食作用を繰り返し進行させる。

ポイント◎2　全蒸発残留物は、ボイラー内で濃縮し、スケールやスラッジになる。

全蒸発残留物は、ボイラー内で濃縮し、スケールやスラッジとなって、腐食や伝熱管の過熱の原因になる。

スケールの熱伝導率は、伝熱面の炭素鋼と比較して著しく低いので、伝熱面にスケールが付着すると、ボイラー効率が低下するという害もあるよ。

スケールやスラッジが増えると、ボイラーにとって悪いことばかり…。ボイラーの天敵ですね。

ポイント○ 3	**全蒸発残留物は、水中の溶解性蒸発残留物と懸濁物の合量である。**

懸濁物を含まない水の場合、全蒸発残留物は、溶解性蒸発残留物に等しい。

ポイント○ 4	**懸濁物には、りん酸カルシウムなどの不溶物質、微細なじんあい、エマルジョン化された鉱物油などがある。**

これらの懸濁物は、キャリオーバの原因になる。

こんな選択肢は誤り！

誤った選択肢の例

溶存気体の二酸化炭素（CO_2）は、~~アルカリ腐食~~の原因になる。

アルカリ腐食とは、ボイラー水中の水酸化ナトリウム（NaOH）の濃度が高すぎるときに、高温において伝熱面が腐食される現象で、二酸化炭素が原因ではない（p.147 参照）。

溶存気体の二酸化炭素（CO_2）による害は何だったかな？

酸素（O_2）と共存すると助長し合って、腐食作用を繰り返し進行させるのでしたね。

ボイラーの水管理③〈補給水処理〉

レッスンの Point　重要度 ★★☆

低圧ボイラーの補給水処理の方法として普及している、単純軟化法のしくみを覚えよう。

必ず覚える基礎知識はこれだ！

補給水処理とは、ボイラーに補給する水を水質基準値に適合させるためにボイラー外で行う処理のことだ。補給水処理には、下図のようなさまざまな方法があり、目的に応じてそれらの方法を単独で、もしくは組み合わせて処理を行うんだ。

補給水処理の方法

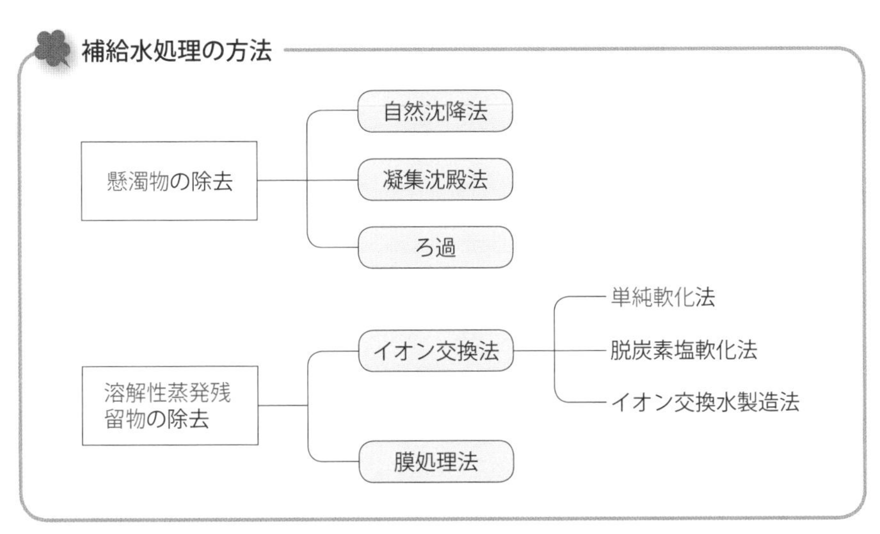

これらのうち、試験によく出題されるのは、単純軟化法だよ。

出題されるポイントはここだ！

ポイント◎1 単純軟化法は、給水の硬度成分を除去する最も簡単な方法である。

単純軟化法は、給水の硬度成分を除去する軟化装置としては最も簡単なもので、設備も安価なので、低圧ボイラーによく普及している。

単純軟化法のしくみ

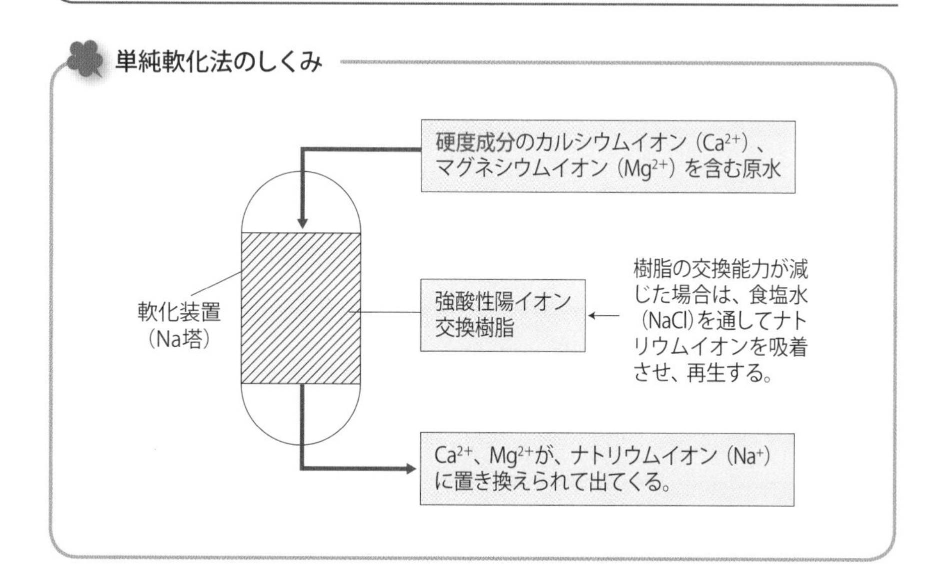

ポイント◎2 単純軟化法による軟化装置の処理水の残留硬度は徐々に増加し、貫流点を超えると著しく増加する。

処理水の硬度は、通水開始後は0に近いが、樹脂の交換能力がしだいに減退するため、残留硬度が徐々に増加し、貫流点を超えると著しく増加する。

言いかえると、処理水の残留硬度が急激に増加する点を貫流点というわけだ。

ポイント◎3 軟化装置の強酸性陽イオン交換樹脂が交換能力を減じた場合は、一般に食塩水で再生を行う。

再生とは、食塩水で、樹脂に付着した硬度成分をナトリウムイオンに置き換えて、樹脂の交換能力を復元させる工程をいう。

軟化装置の残留硬度が貫流点に達したら、通水をやめて再生操作を行い、軟化装置の機能を維持することが重要だ。

軟化装置がうまく働かないと、ボイラーに硬度成分の多い水が供給されるので、スケールやスラッジが増える原因になりますね。

ポイント◎4 軟化装置の強酸性陽イオン交換樹脂は、1年に1回程度、樹脂の洗浄及び補充を行う。

樹脂は、しだいに表面が鉄分で汚染され、交換能力が減退するので、1年に1回程度、洗浄及び補充を行う。

こんな選択肢は誤り！

誤った選択肢の例

単純軟化法とは、~~真空脱気~~により、給水中の~~二酸化炭素~~を取り除くものである。

単純軟化法とは、**強酸性陽イオン交換樹脂**により、給水中の**硬度成分**を樹脂のナトリウムと置換させるものである。真空脱気により、給水中の二酸化炭素を取り除くのは、真空脱気法である。

ボイラーの水管理④〈ボイラー系統内処理〉

レッスンの Point　重要度 ★★☆

給水やボイラー水の処理のために添加される清缶剤の作用による分類と、それぞれの目的に応じて使用される主な薬品を覚えよう。

必ず覚える基礎知識はこれだ！

ボイラー系統内処理には、給水、ボイラー水に対する処理と、復水に対する処理がある。給水、ボイラー水に対しては、腐食、スケールの付着、キャリオーバなどの水に起因する障害を防止するために、給水中の溶存気体の除去（脱気（だっき））を行ったり、給水やボイラー水に薬品を添加したりする。

給水やボイラー水の処理を行うために添加される薬品を、清缶剤（せいかんざい）という。清缶剤にはさまざまなものがあり、目的によって使い分けられているんだ。

清缶剤の種類

作用による分類	主な薬品
pH 及び酸消費量の調節剤	水酸化ナトリウム、炭酸ナトリウム
軟化剤	炭酸ナトリウム、りん酸ナトリウム
スラッジ分散剤	タンニン
脱酸素剤	タンニン、亜硫酸ナトリウム、ヒドラジン

市販の清缶剤は、これらの作用のうちのいくつかを兼ねることを目的として適正に調合されているんだ。

出題されるポイントはここだ！

ポイント◎ 1

低圧ボイラーでは、酸消費量付与剤として、水酸化ナトリウムや炭酸ナトリウムが用いられる。

酸消費量調節剤には、ボイラー水に酸消費量を付与するものと、酸消費量の上昇を抑制するものがある。

ポイント◎ 2

軟化剤とは、ボイラー水中の硬度成分を、不溶性の化合物（スラッジ）に変えるために添加する薬剤である。

軟化剤として使用される薬剤には、炭酸ナトリウム、りん酸ナトリウムなどがある。

軟化剤をたくさん使用すると、多量のスラッジが生成するので、ボイラー水の吹出しを適正に行う必要がある。

スラッジがたまると、ボイラーにはさまざまな害が生じるので、そのまま放っておくわけにはいきませんね。

ポイント◎ 3

スラッジ分散剤は、ボイラー内で軟化して生じた泥状の沈殿物の結晶の成長を防止するために添加する薬剤である。

スラッジ分散剤は、泥状の沈殿物（スラッジ）の結晶が成長し、伝熱面に焼き付いてスケールとして固着するのを防ぐ。スラッジ調整剤ともいう。

ポイント◎ 4

脱酸素剤は、ボイラー給水中の酸素を除去するために添加する薬剤である。

脱酸素剤には、タンニン、亜硫酸ナトリウム、ヒドラジンなどがある。

誤った選択肢の例①

脱酸素剤には、タンニン、~~アンモニア~~、~~硫酸ナトリウム~~などがある。

脱酸素剤として用いられる薬剤は、タンニン、**亜硫酸ナトリウム**、**ヒドラジン**などで、アンモニア、硫酸ナトリウムは含まれない。

誤った選択肢の例②

酸消費量を~~抑制~~する調整剤としては、水酸化ナトリウム、炭酸ナトリウムなどが用いられる。

水酸化ナトリウム、炭酸ナトリウムは、酸消費量を**付与**する調整剤である。

下のような薬品の組み合わせから、どちらも脱酸素剤として使用されるものを選ぶ問題も出題されることがあるよ。

① 塩化ナトリウム　りん酸ナトリウム
② 亜硫酸ナトリウム　タンニン
③ りん酸ナトリウム　タンニン
④ 炭酸ナトリウム　りん酸ナトリウム
⑤ 亜硫酸ナトリウム　炭酸ナトリウム

わかった！ 正解は②ですね。

ボイラーの内面腐食

レッスンのPoint

重要度 ★★☆

ボイラーの内面腐食が生じる原因、内面腐食が生じやすい条件などについて覚えよう。

必ず覚える基礎知識はこれだ！

内面腐食とは、ボイラーの内面、つまり、ボイラー水側（もしくは蒸気側）に生じる腐食をいう。ボイラー水中に含まれる酸素や二酸化炭素などの溶存気体、ボイラー水のpHを下げるさまざまな化合物、溶解塩類、電気化学的作用などが、内面腐食の主な原因となるんだ。

内面腐食が生じやすい条件

①ボイラー水のpHが低い、つまり、ボイラー水が酸性であるとき。

②ボイラー水中に溶存する酸素、二酸化炭素の量が多いとき（特に酸素）。

③ボイラー水中の塩分の濃度が高いとき（電気伝導率が高くなり、腐食が促進されるため）。

※ ただし、塩分の濃度が高すぎると、ボイラー水への気体の溶解度が低下し、溶存酸素の濃度が低くなるので、逆に腐食しにくくなる。

真水よりも海水のほうが鉄をさびさせやすいことは知っているよね。それは、海水の塩分の濃度が、ちょうど鉄の腐食を最も速く進行させる条件に合っているからなんだ。

溶存酸素、溶解塩分と腐食速度の関係

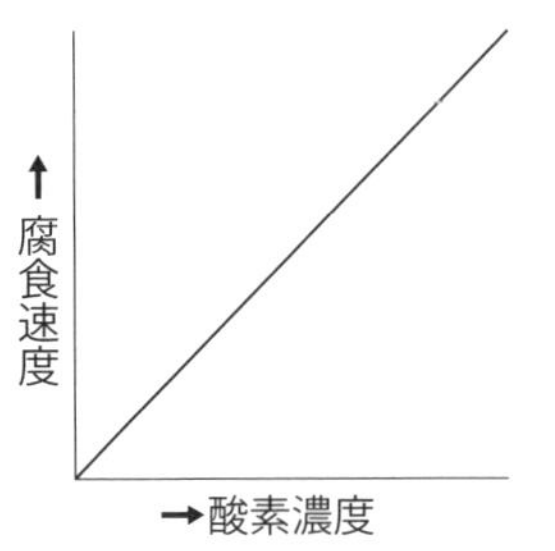

淡水中では、腐食速度は溶存酸素の量に比例する。

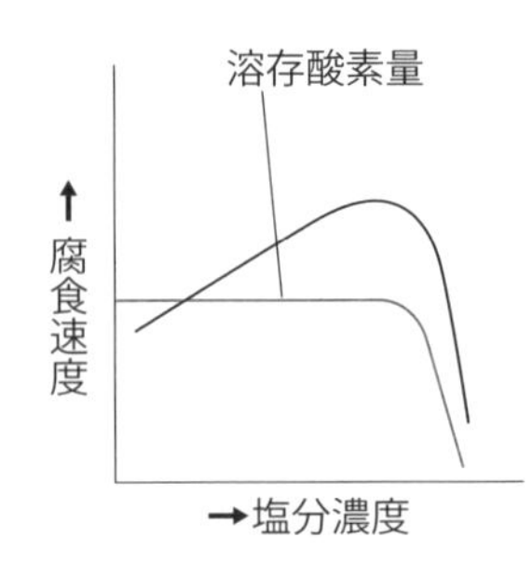

塩分濃度が増すと、腐食速度も増大するが、ある濃度を超えると、溶存酸素量が減少するため、腐食速度も減じる。

出題されるポイントはここだ！

ポイント◎ 1

給水中に含まれる溶存気体の酸素（O_2）や二酸化炭素（CO_2）は、鋼材の腐食の原因になる。

特に、給水中の溶存酸素は腐食の大きな原因となる（p.136 ～ 137 参照）。淡水中では、腐食速度は溶存酸素の量に比例する。

ポイント◎ 2

腐食は、一般に電気化学的作用によって生じる。

電気化学的作用によってイオン化した鉄が、水と酸素により生じた水酸化物イオンと結合することにより、水酸化第一鉄（赤さび）が生じる。

ポイント◎3　ボイラー水の酸消費量を調整することにより、腐食を抑制することができる。

酸消費量は、水中に含まれる水酸化物、炭酸塩、炭酸水素塩などのアルカリ分の量を示す値である。

ポイント◎4　ボイラー水の pH をアルカリ性に調整することによって、腐食を抑制することができる。

JIS により、常用使用圧力が 1MPa 以下のボイラーのボイラー水は、pH11.0 ～ 11.8 のアルカリ性に調整するよう定められている。

ポイント◎5　アルカリ腐食は、高温のボイラー水中で濃縮した水酸化ナトリウムと反応して、伝熱面の鋼材が腐食する現象である。

ボイラー水中の水酸化ナトリウム（NaOH）などのアルカリ分の濃度が高すぎると、高温のもとでアルカリ腐食が生じる。

通常は、酸性の水溶液の中では腐食が促進され、溶液をアルカリ性に保つことで腐食が抑制される。アルカリ腐食は、高温、強アルカリ性という条件により生じる特殊な現象だよ。

ここも覚えて　点数 UP！

腐食の形態には、全面腐食と局部腐食がある。

全面腐食：金属表面の全面にわたって、ほぼ一様に腐食が進行している状態。

局部腐食：金属表面の局部的な腐食で、ピッチング、グルービングなどがある。

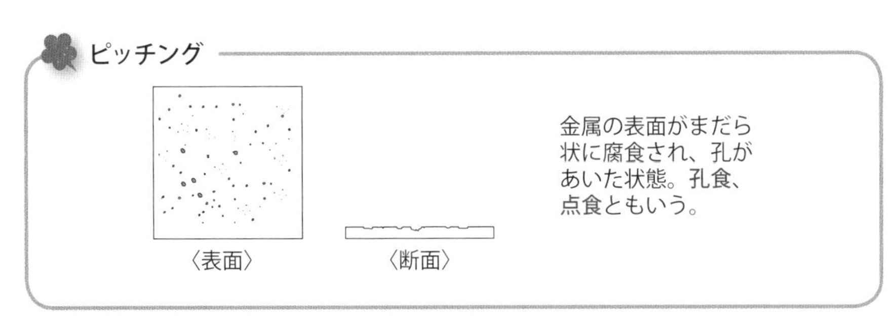

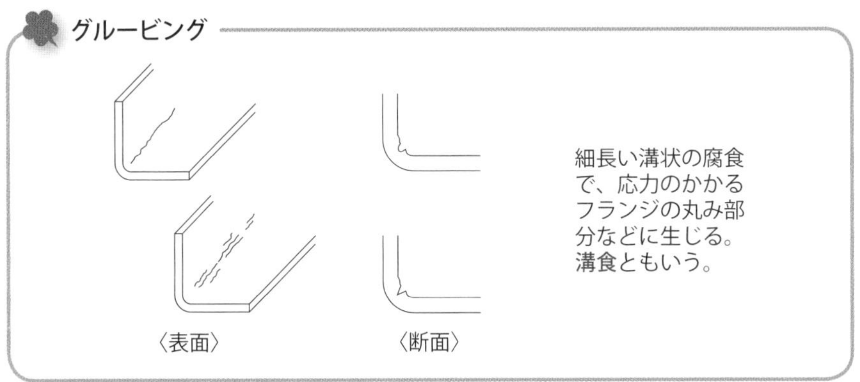

グルービングは、割れ（クラック）を伴うこともあるよ。

語呂合わせで覚えよう

アルカリ腐食

手相占いで水難がでた。ショックで飲みすぎ
（鉄）　（水酸化ナトリウム）　（腐食）（アルカリ腐食）

⇨鉄は酸と反応して腐食するため、ボイラー水を適度のアルカリ性に保つことにより腐食を抑制するが、高温、高濃度のアルカリ溶液中では、鉄が腐食されることがある。高温のボイラー水中に生じた水酸化ナトリウム（NaOH）が、管壁とスケールの間で濃縮されると、激しい腐食を生じる。これをアルカリ腐食という。

燃料及び燃焼に関する知識

3章のレッスンの前に

まず、これだけ覚えよう！

① 燃料とは？

燃料とは、空気中で容易に燃焼し、燃焼によって生じた熱などを、何らかの用途に利用できる物質をいう。燃えるものなら何でもよいわけではなく、燃料には、次のような条件が求められるんだ。

①豊富に存在し、容易に調達できること。
②貯蔵、運搬がしやすいこと。
③取扱いが容易で、安全、かつ無害であること。

燃料として使用される物質はさまざまで、実際には、それぞれの目的に応じて、最も効率がよく、コストの安い燃料が選択されるんだ。もちろん、燃料を燃焼させることによって、環境にどのような影響を与えるのかも考慮しなければならない。

② ボイラーに使用される燃料

ボイラー用の燃料として、一般に使用されているものには、下記のようなものがある。

液体燃料：重油、軽油、灯油
気体燃料：天然ガス（都市ガス）、液化石油ガス（LPG）、石炭ガス、高炉ガス、オフガス
固体燃料：石炭、コークス、木材

これらのほかに、樹皮、バガス（さとうきびの絞りかす）、木くず、都市ごみ、古タイヤなどの特殊燃料を使用するボイラーもあるよ。

③ 燃焼とは？

燃焼とは、化学的にいうと、物質が酸素と化合する酸化反応で、その中でも、光と熱の発生を伴う現象をいう。つまり、燃焼には、燃えるもの（燃料、可燃物）と酸素が必要だ。酸素は、空気中に含まれている。しかし、燃料と空気があるだけでは、燃焼は起こらない。燃焼が生じるためには、物質が、燃焼に必要な温度に達しなければならないんだ。

燃焼に必要なのは、燃料、空気、温度。これらを、燃焼の三要素というんだ。

燃料を空気中で加熱していくと、燃料の温度がだんだん上昇していき、ある温度に達すると、他から点火しなくても自然に燃え始める。そのときの温度を、着火温度（発火温度、発火点）という。着火温度は物質によって異なり、周囲のさまざまな条件によっても変わるんだ。

④ 引火点

液体燃料は、加熱されると可燃性の蒸気を発生し、その蒸気に火炎を近づけると燃焼する。この現象を引火というんだ。液体燃料から発生する蒸気は、液温の上昇とともにだんだん濃くなり、ある温度になると、燃焼に必要な最低の濃度に達し、点火源があれば引火する。そのときの温度を、引火点という。言いかえると、引火が起きる最低の温度が引火点だ。

引火点
〈引火性を有する液体、または固体〉

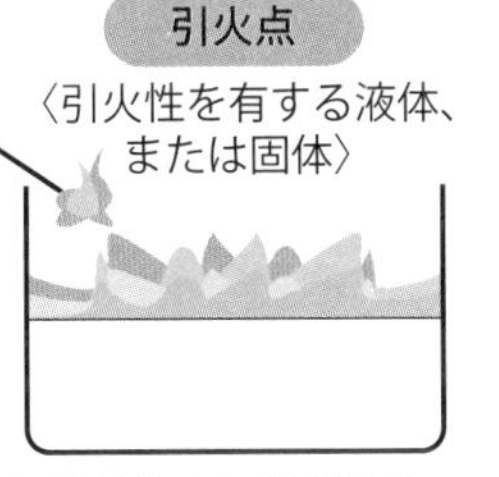

点火源があれば燃える。

着火温度
〈固体・液体・気体〉

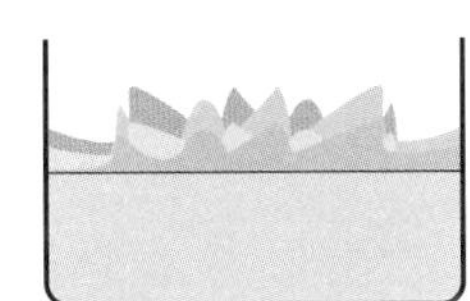

点火源がなくても燃える。

液体燃料

レッスンの Point　重要度 ★★☆

液体燃料として多くのボイラーに使用される、重油の性質を理解しよう。A 重油、B 重油、C 重油はどこが違うのかを覚えよう。

必ず覚える基礎知識はこれだ！

ボイラーに使用される液体燃料は、大部分が重油で、一部に軽油、灯油なども用いられる。重油、軽油、灯油は、ともに原油を原料としてつくられる油で、重油は、さらに品質によって 1 種（A 重油）、2 種（B 重油）※、3 種（C 重油）に分類されているんだ。

※製油所での直接脱硫（だつりゅう）装置により、硫黄分の少ない C 重油も生産可能なため、現在、B 重油は生産されていない。

液体燃料の利点（固体燃料と比較した場合）

①品質が一定していて、発熱量※が高い。
②輸送や貯蔵がしやすい。
③貯蔵中の変質が少ない。
④灰分が少ない。
⑤計量が容易である。

※ 発熱量とは、燃料を完全燃焼させたときに発生する熱量をいう（p.162 参照）。

一方、原油は日本ではほとんど産出されず、輸入先もかぎられているので、供給が不安定になりやすく、価格が変動しやすいという問題もありますね。

出題されるポイントはここだ！

ポイント◎ 1 重油の密度は、温度が上昇すると減少する。

温度が上昇すると重油は膨張し、体積が増えるので密度は減少する。重油の密度は、温度が 1℃上昇するごとに、約 0.0007g/cm³ 減少する。

ポイント◎ 2 一般に、密度の小さい重油は、密度の大きい重油よりも引火点が低い。

密度の小さい A 重油は、密度の大きい C 重油よりも引火点が低い。

ポイント◎ 3 一般に、密度の小さい重油は、密度の大きい重油よりも単位質量当たりの発熱量が大きい。

密度の小さい A 重油は、密度の大きい C 重油よりも単位質量当たりの発熱量が大きい。

ポイント◎ 4 重油の粘度は、温度が上昇すると低くなる。

粘度とは、流体の粘性、つまりねばりけの度合いである。重油は、粘度の高いものほど輸送が困難で、噴霧状態もよくない。

ポイント◎ 5 重油の比熱は、温度や密度によって変わる。

重油の比熱は、温度や密度によって変わるが、50 ～ 200℃における重油の平均比熱は、約 2.3kJ/（kg・K）である。

重油の燃焼性をきめる粘度、引火点、発熱量、残留炭素、硫黄分などは、いずれも密度と関連している。一般に、密度の大きいものほど難燃性（なんねんせい）だ。

重油の種類と性質

	A重油	B重油	C重油
密　度	小 ←	（燃焼性）	― 大
発熱量	大 ←	（燃焼性）	― 小
引火点	低 ←	（燃焼性）	― 高
粘　度	低 ←	（燃焼性）	― 高
凝固点	低 ←	（燃焼性）	― 高
流動点	低 ←	（燃焼性）	― 高
残留炭素	少 ←	（燃焼性）	― 多
硫黄分	少 ←	（燃焼性）	― 多

※凝固点：重油が低温になって凝固するときの最高温度。
※流動点：重油を冷却したときに流動性を保つことができる最低温度。一般に、凝固点よりも2.5℃高い温度をいう。

ここも覚えて　点数UP！

重油に含まれる水分やスラッジの量は、固体燃料に比べるときわめて少量ではあるが、精製の過程や、輸送中、貯蔵中などに水分やスラッジが混入することがある。それらは、ボイラーに次のような障害をもたらす。

○重油に含まれる水分が多い場合

- 熱損失が増加する。
- いきづき燃焼※を起こす。
- 貯蔵中にスラッジが生じる。

○重油にスラッジが含まれる場合

- 弁、ろ過器、バーナチップなどを閉そくさせる。
- ポンプ、流量計、バーナチップなどを摩耗（まもう）させる。

※いきづき燃焼：炎が大きくなったり、消えそうになったりして、燃焼状態が不安定なこと。

気体燃料

レッスンのPoint　重要度 ★★★

気体燃料として一般的に使われる、天然ガス（都市ガス）、液化石油ガス（LPG）に共通する特徴と、両者の違いを押さえておこう。

必ず覚える基礎知識はこれだ！

ボイラーに使用される気体燃料は、天然ガス（都市ガス）、液化石油ガス（LPG）が一般的だ。そのほかに、製鉄所や石油精製工場、石油化学工場などで発生する副生ガスが、ボイラーの燃料として利用される場合があるんだ。

気体燃料の特徴（液体燃料や固体燃料と比較した場合）

①同じ熱量を発生した場合の、炭酸ガス（CO_2）の排出量が少ない。

②硫黄や灰分が少なく、公害防止上有利で、伝熱面等の汚染もほとんどない。

③燃料費が高い。

④漏えい(ろう)した場合、可燃性の混合気をつくりやすく、爆発するおそれがある。

⑤配管口径が大きくなるので、設備費用が高くなる。

気体燃料の主成分は、メタン（CH_4）などの炭化水素で、成分中の炭素に対する水素の比率が高い。だから、炭酸ガスの排出量が少ないんだ。

メタン（CH_4）が完全燃焼した場合の化学反応式

$$CH_4 + 2O_2 \rightarrow CO_2 + 2H_2O$$

燃焼により、炭素（C）は酸素（O_2）と結合して炭酸ガス（CO_2）になるが、水素（H）は水蒸気（H_2O）になるので、炭酸ガスは発生しない。

メタン（CH_4）の化学式には、炭素（C）は1つしかないけれど、水素（H）は4つもある！ 炭素が少なく、水素が多いので、燃焼時の炭酸ガスの発生が比較的少ないんですね。

出題されるポイントはここだ！

ポイント◎ 1

都市ガスは、一般に天然ガスを原料とする。

メタンを主成分とする天然ガスを産地で精製し、－162℃に冷却して液化したものがLNG（液化天然ガス）である。

天然ガスは、国内でもわずかに産出されるけれど、ほとんどが海外からLNGとして輸入されている。LNGの体積は気体のときの約600分の1になるので、輸送に便利なんだ。

ポイント◎ 2

都市ガスは、窒素酸化物（NO_x）や炭酸ガス（CO_2）の排出量が少なく、硫黄酸化物（SO_x）は排出しない。

液体燃料にくらべて地球温暖化の原因といわれる炭酸ガス（CO_2）や、大気汚染物質の排出量が少ないので、環境に与える負荷が比較的小さい。

ポイント◎ 3

液化石油ガスは、都市ガスにくらべて発熱量が大きい。

液化石油ガス（LPG）は、常温常圧では気体だが、常温でもわずかに圧力を加えると液化する。発熱量は、都市ガスよりも大きい。

ポイント◎ 4

液体燃料を使用するボイラーでも、パイロットバーナの燃料としては、液化石油ガスを使用することが多い。

パイロットバーナとは、メインバーナへの点火用のバーナである。

ここも覚えて　点数 UP！

都市ガス（天然ガス）は空気よりも軽く、液化石油ガスは空気より重い。

都市ガスの蒸気比重（空気との密度の比）は 0.64 で、空気よりも軽いのに対し、液化石油ガスの蒸気比重は、プロパンが 1.52、ブタンが 2.0 と、空気より重い。したがって、屋内でガス漏れが生じた場合、前者は天井付近などの高所に、後者は窪（くぼ）みなどの低所に滞留しやすい。

ガス漏れ警報器を設置する場合も、都市ガスを使用する場合は天井付近に、液化石油ガスを使用する場合は室内の低い位置に設置する必要がある。

気体燃料を使用する場合は、使用するガスが空気より重いものなのか、空気より軽いものなのかを、あらかじめ知っておくことが重要だ。

万一ガス漏れが起きたときの対処の仕方も、それによって違ってきますね。

固体燃料

レッスンのPoint 重要度 ★★☆

ボイラー用の固体燃料として使用される石炭の種類や、炭化度と石炭の性質との関係について覚えよう。

必ず覚える基礎知識はこれだ！

ボイラー用の固体燃料としては、石炭が最もよく使われている。石炭は、地下に埋没した太古の植物が、長い年月の間に、地熱や圧力による炭化作用を受けて、炭素に富んだ可燃性の岩石になったものだ。石炭は、その性質によって、無煙炭、歴青炭、褐炭などに分類されている。

石炭の種類と性質

炭化度 →

	褐　炭	歴青炭	無煙炭
高発熱量［MJ/kg］	20～29	25～35	27～35
水分［質量%］	5～15	1～5	1～5
灰分［質量%］	2～25	2～20	2～20
揮発分［質量%］	30～50	20～45	5～15
固定炭素［質量%］	30～40	45～80	70～85
燃料比	1以下	1.0～4.0	4.5～17

炭化作用が進むにつれて、石炭の成分中の炭素の割合が多くなる。その割合を、炭化度（石炭化度とも）というんだ。石炭は、無煙炭、歴青炭、褐炭の順に炭化度が高く、良質な燃料とされている。

炭素（C）は、酸素（O）とよく反応し、その反応は発熱を伴う。その熱が、さらに反応を促進する。つまり、炭素は燃焼しやすい物質なんだ。炭素が完全燃焼すると、二酸化炭素（CO_2）になるよ。

燃焼しやすい炭素を多く含んでいる石炭が、燃料としてすぐれているということですね。

出題されるポイントはここだ！

ポイント◎ 1

石炭は、炭化度の進んだものほど、成分中の酸素が少なく、炭素が多い。

石炭は、褐炭から無煙炭になるにつれて、つまり、炭化度の進んだものほど、成分中の酸素が少なく、炭素が多くなる。

ポイント◎ 2

石炭の揮発分は、炭化度の進んだものほど少ない。

石炭が炉内で加熱されると、まず揮発分が放出され、炎を伴って燃焼する。

ポイント◎ 3

石炭の固定炭素は、炭化度の進んだものほど多い。

石炭を燃焼させると、揮発分が放出された後におきが残る。これは、石炭の主成分である固定炭素が燃焼している状態である。

ポイント○ 4

石炭の燃料比は、炭化度の進んだものほど大きい。

燃料比は、固定炭素と揮発分の比である。

$$燃料比 = \frac{固定炭素}{揮発分}$$

ポイント○ 5

石炭の単位質量当たりの発熱量は、一般に、炭化度の進んだものほど大きい。

一般に、石炭の中でも炭化度の高い無煙炭が、最も良質な燃料とされる。

ここも覚えて 点数UP！

工業分析とは、固体燃料の成分を分析する方法の一つである。

工業分析とは、石炭などの固体燃料を気乾試料（自然乾燥した状態）にし、水分、灰分※、揮発分の量を測定し、残りを固定炭素として、それぞれの質量の割合を百分率（%）で表すものである。

※ 灰分が多いと発熱量が減少し、燃焼にも悪影響を及ぼす。

固定炭素の割合が大きい燃料ほど、炭化度が進んでいるということですね。

燃料の分析には、このほかに元素分析、成分分析がある。

元素分析：液体、固体燃料の組成を示すために、炭素、水素、窒素及び硫黄を測定し、100からそれらの成分を差し引いた価を酸素として扱い、それぞれ質量（%）で表す。

成分分析：気体燃料のエタン、メタン等の含有成分を測定し、体積（%）で表す。

燃焼

レッスンのPoint　重要度 ★★☆

完全燃焼と不完全燃焼の違いや、高発熱量、低発熱量、理論空気量、実際空気量などの、燃焼に関係する物理量について覚えよう。

必ず覚える基礎知識はこれだ！

燃焼とは、光と熱の発生を伴う、急激な酸化反応だ。燃焼が起きるためには、燃料（可燃物）、空気（酸素）、温度（点火源）の三要素が同時にそろうことが必要だ。ボイラーでは、燃焼室に燃料と空気が送りこまれ、加熱された燃料が空気中の酸素と反応して燃焼するんだ。

ボイラーの燃焼において重要なのは、着火性の良否と燃焼速度だ。着火性の良否は、以下の要因に大きく影響される。

- 燃料の性質
- 燃焼装置及び燃焼室の構造
- 空気導入部の配置

着火性がよく、燃焼速度が速いと、一定の量の燃料を、より小さい燃焼室で完全燃焼させることができるんだ。

酸素が十分に供給されるとき、燃料は完全燃焼し、二酸化炭素や水蒸気が生じるんだ。

- 燃料の分子中の炭素が酸素と結合して二酸化炭素になる。
  $C + O_2 \rightarrow CO_2$
- 燃料の分子中の水素が酸素と結合して水蒸気になる。
  $2H_2 + O_2 \rightarrow 2H_2O$

酸素が十分に供給されない場合は、不完全燃焼になり、二酸化炭素や水蒸気のほかに、有毒な一酸化炭素などが生じるんだ。

- 酸素（O）が不足するため、一酸化炭素（CO）が発生する。
  C＋O→CO

せまい室内などで火災が起きた場合は、一酸化炭素が発生するおそれがあるので、できるかぎり煙を吸い込まないように注意する必要がある。

室内のように閉ざされた場所では、空気中の酸素の量がかぎられているので、不完全燃焼が起こりやすいんですね。

燃料が完全燃焼したときに発生する熱量を、発熱量という。液体燃料や固体燃料の場合、発熱量は、燃料の質量1kgあたりの熱量で表される。単位は［MJ/kg］だ。気体燃料の場合、発熱量は、0℃、1気圧の標準状態における燃料の体積$1m^3$あたりの熱量で表される。単位は［$MJ/m^3{}_N$］だ（末尾のNは、標準状態を表す）。

出題されるポイントはここだ！

ポイント◎1　発熱量とは、燃料を完全燃焼させたときに発生する熱量をいう。

発熱量には、高発熱量と低発熱量がある。

ポイント◎2　高発熱量とは、水蒸気の潜熱を含む発熱量である。

高発熱量から、水蒸気の潜熱を差し引いたものが低発熱量である。

高発熱量と低発熱量の違い

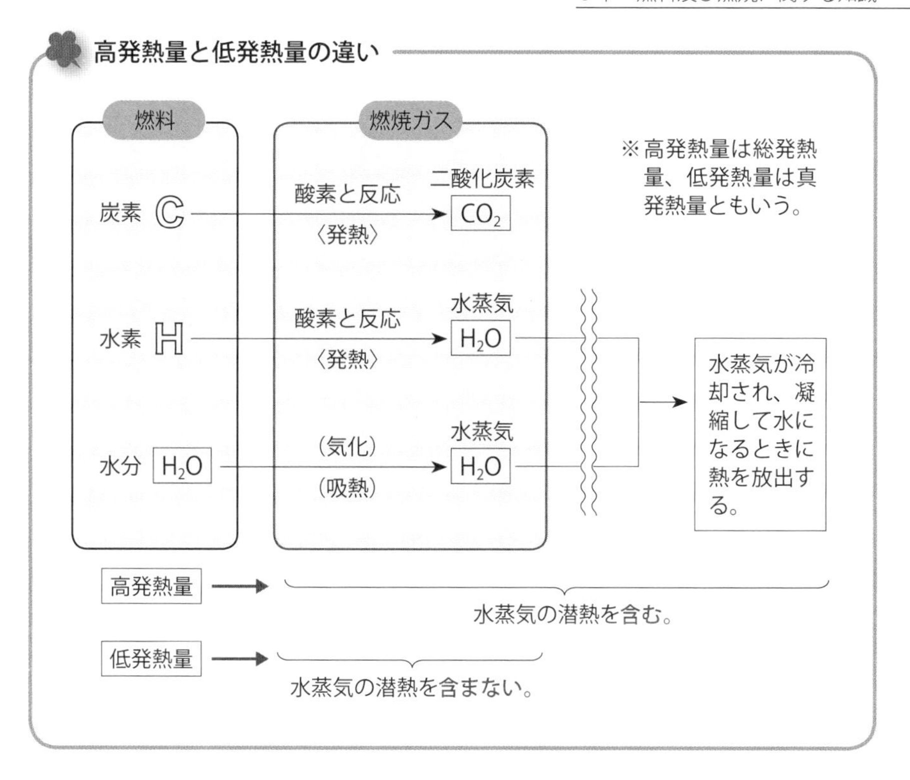

ここも覚えて 点数UP！

高発熱量と低発熱量の差は、燃料に含まれる水素及び水分の割合によってきまる。

一般に、ボイラーの燃焼ガスに含まれる水蒸気は、気体のまま排出されるので、潜熱は利用できない。よって、ボイラー効率を求めるときは低発熱量を用いるのが普通である（p.27 参照）。

最近のボイラーの中には、排ガスに含まれる水蒸気の潜熱を利用できるしくみを取り入れて、さらにボイラー効率を高めているものもあるよ。

燃料を燃焼させるのに理論上必要な最小の空気量を、理論空気量という。

理論空気量は、液体燃料、固体燃料の場合は、燃料 1kg を燃焼させるために必要な空気量で表される。単位は m^3_N/kg である（m^3_N は、この場合、標準状態における空気の体積を意味している）。気体燃料の場合は、理論空気量は、燃料 1 m^3_N を燃焼させるために必要な空気量で表される。単位は m^3_N/ m^3_N である。

m^3_N の N は標準状態、つまり、0℃、1 気圧を意味する。
1 m^3_N とは、標準状態において体積が 1 m^3 ということだよ。

実際の燃焼に際して送入される空気量を、実際空気量という。

一般に、実際空気量は理論空気量よりも大きい。その過剰分を、過剰空気量という。また、理論空気量に対する実際空気量の比を、空気比という。

理論空気量を A_0、実際空気量を A、空気比を m とした場合、次のような関係が成り立つ。 $m = \frac{A}{A_0}$ 　$A = m A_0$

実際空気量は、理論空気量よりも大きいのだから、空気比は 1 より大きな値になる。ボイラーの実際燃焼における空気比のおおよその値は、気体燃料で 1.05 ~ 1.2、液体燃料で 1.05 ~ 1.3、微粉炭で 1.15 ~ 1.3 程度だ。空気比が大きいほど排ガスとともに失われる熱が多くなるので、ボイラー効率を向上させるためには、空気比はなるべく小さいほうがよい。

空気比は、1 より大きいけれど、なるべく 1 に近い値になるのが理想的なんですね。

液体燃料の燃焼①〈重油燃焼の特徴〉

レッスンの Point　重要度 ★★☆

液体がどのように燃焼するのかを理解し、ボイラーの液体燃料として使用される重油の燃焼の特徴を覚えよう。

必ず覚える基礎知識はこれだ！

液体燃料は、液体のまま燃焼するのではなく、液体の表面から蒸発した蒸気が、空気と混合して燃焼するんだ。

液体の燃焼

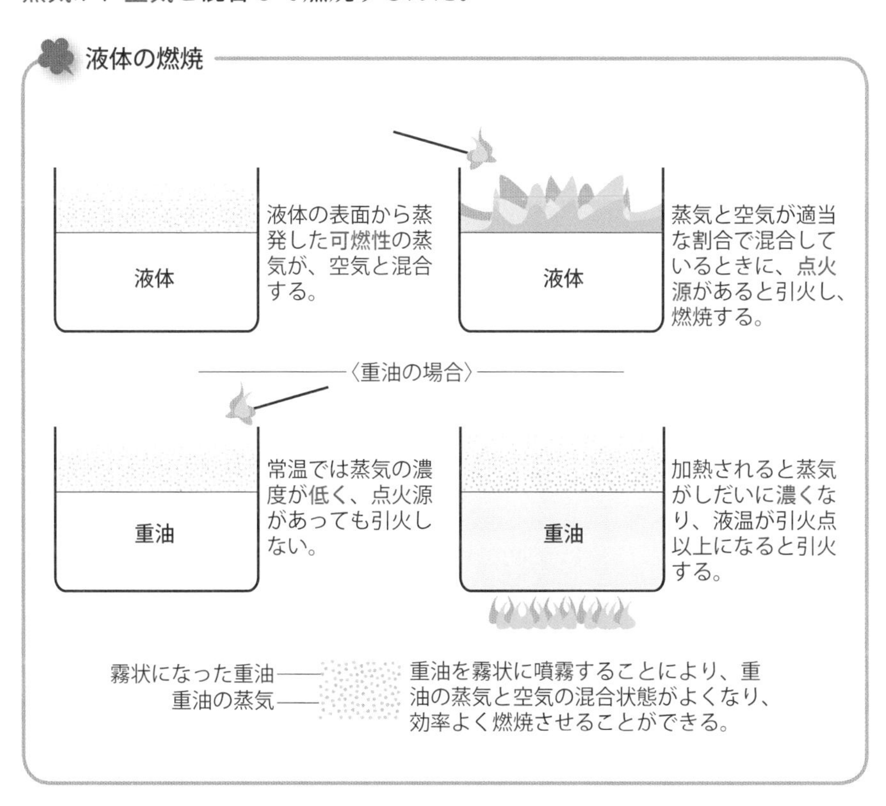

出題されるポイントはここだ！

ポイント◎ 1

ボイラーにおける重油の燃焼は、石炭燃焼と比較して、発熱量が高い。

石炭燃焼と比較して、発熱量が高い点が長所だが、燃焼温度が高いので、ボイラーの局部過熱や炉壁の損傷を生じやすいという短所もある。

ポイント◎ 2

ボイラーにおける重油の燃焼は、石炭燃焼と比較して、ボイラーの負荷(ふか)変動に対する応答性が優れている。

燃焼操作がしやすく、急着火、急停止の操作も容易に行うことができる。

燃料の供給量の調節が容易にできることが、液体燃料や気体燃料の利点の一つといえる。

確かに、石炭の燃焼の場合は、燃焼を急に止めたり、自由に火力を調節したりすることは難しいですよね。

ポイント○ 3

ボイラーにおける重油の燃焼は、石炭燃焼と比較して、すす、ダストの発生が少なく、灰処理が不要である。

一方、油の成分によっては、ボイラーを腐食させ、または大気を汚染する。油の漏れ込みや点火操作に注意しないと、炉内ガス爆発のおそれがある。

ポイント○ 4

ボイラーにおける重油の燃焼は、石炭燃焼と比較して、少ない過剰空気量で燃料を完全燃焼させることができる。

つまり、石炭燃焼と比較して、理論空気量と実際空気量の差が小さい（すなわち、空気比が小さい）。

ここも覚えて 点数UP！

粘度の高い重油は、加熱して燃焼させる。

B重油、C重油などの粘度の高い重油をボイラーの燃料として使用する場合は、燃料を加熱して、噴霧に適した粘度にしなければならない。加熱温度は、B重油では50～60℃、C重油の場合は80～105℃が一般的である。重油の加熱温度が高すぎたり、低すぎたりすると、それぞれ、次のような障害が生じる。

○加熱温度が低すぎるときの障害

- 霧化（むか）不良となり、燃焼が不安定になる。
- すすが発生し、炭化物（カーボン）が付着する。

○加熱温度が高すぎるときの障害

- ベーパロック※を起こす。
- 噴霧状態にむらが生じ、いきづき燃焼（p.154参照）となる。
- 炭化物生成の原因になる（コークス状の残渣（ざんさ）が生成される）。

※ベーパロック：バーナの管内で油が気化して気泡が生じ、燃料が正常に供給されなくなる状態。

語呂合わせで覚えよう

重油の粘度と温度の関係

あまりの猛暑に、汗で始終べとべと
（C重油）（粘度が高い）

「こう暑くては、粘りがきかない」
（温度が上昇）　（粘度が低くなる）

➡一般に、密度の大きい重油ほど粘度が高い。粘度の高い重油は、輸送が困難で、バーナノズルによる噴霧状態がよくない。重油の温度が高くなると、粘度が低くなるので、粘度の高いB重油やC重油は、予熱して使用する。

液体燃料の燃焼②〈重油バーナ〉

レッスンの Point　重要度 ★★☆

油だきボイラーに使用されるバーナの種類と、それぞれのバーナのしくみや特徴を覚えよう。

必ず覚える基礎知識はこれだ！

ボイラーに使用する液体燃料の燃焼方式としては、燃料油をバーナで霧状に噴霧して燃焼させる、噴霧式燃焼法が主に用いられる。

噴霧式燃焼法の燃焼過程

① 燃料油をバーナで噴霧する。
② バーナで噴霧された油が、送入された空気と混合する。
③ バーナタイルと炉内からの放射熱により油滴が加熱されて気化し、着火温度を維持して火炎を形成する。
④ バーナタイルから離れた所で、油滴が急激に気化する。
⑤ 固形残さ粒子が分解する。
⑥ 完全に気化し、燃焼する。

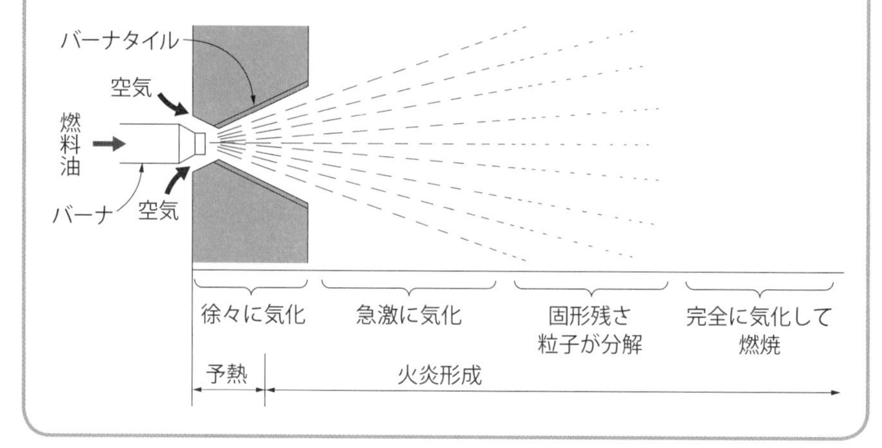

バーナは、燃料油を微粒化して表面積を大きくし、気化を促進させて空気との接触を良好にすることにより、燃焼反応を速く完結させる装置だ。油だきボイラーに使用されるバーナには、次のようなものがある。

①圧力噴霧式バーナ
②蒸気噴霧式（空気噴霧式）バーナ
③低圧気流噴霧式バーナ
④回転式（ロータリ）バーナ
⑤ガンタイプバーナ

出題されるポイントはここだ！

ポイント◎ 1

圧力噴霧式バーナは、燃料油に高圧力を加え、ノズルチップから炉内に噴出させるバーナである。

単純な圧力噴霧式バーナは、圧力の加減により油量の調節を行うので、油量を減らすと噴霧状態が悪くなる。したがって、ターンダウン比が狭い。

ターンダウン比とは、バーナの負荷を調整できる範囲のことだよ。

火力を強くしたり、弱くしたりする調節が、どれくらいの範囲でできるかということですね。

ポイント◎ 2

戻り油式圧力噴霧バーナは、単純な圧力噴霧式バーナよりもターンダウン比が広い。

戻り油式圧力噴霧バーナは、送入した燃料油の一部をポンプ側に戻す機構をもつ。戻り油の量の加減で油量を調節するので、ターンダウン比が広い。

圧力噴霧式バーナの原理

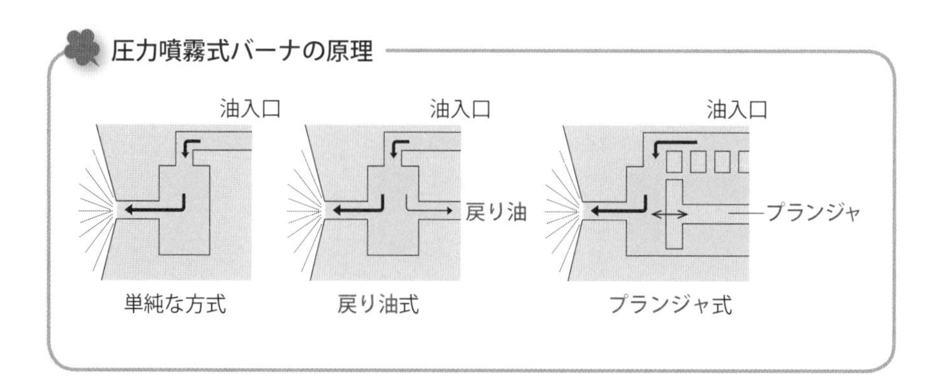

ポイント◎ 3

蒸気（空気）噴霧式バーナは、蒸気（空気）を霧化媒体として燃料油を微粒化するバーナである。

圧力を有する蒸気（空気）を導入し、バーナ先端の混合室で燃料油と混合してノズルから噴霧し、燃料油を微粒化するバーナで、ターンダウン比が広い。

燃料油自体に圧力が加えられるのではなく、蒸気（空気）の圧力を利用して燃料油を噴霧するんですね。

ポイント○ 4

回転式バーナは、回転軸に取り付けられたカップの内面に油膜（ゆまく）を形成し、遠心力で燃料油を微粒化するバーナである。

回転式バーナは、中・小容量のボイラーに用いられている。カップの内面が汚れると、油膜が不均一になり、噴霧状態が悪くなる。

ポイント◎ 5

ガンタイプバーナは、ファンと圧力噴霧式バーナを組み合わせたものである。

燃焼量の調節範囲は狭く、オンオフ動作により自動制御を行うものが多い。暖房用ボイラーや、その他の小容量のボイラーに多く用いられる。

ガンタイプバーナは、形状がピストルに似ているので、そのように呼ばれているんだ。

こんな選択肢は誤り！

誤った選択肢の例①

蒸気噴霧式バーナは、蒸気を霧化媒体として燃料油を微粒化するバーナで、ターンダウン比が~~狭~~い。

蒸気噴霧式バーナは、圧力を有する蒸気を導入し、燃料油と混合してノズルから噴霧し、燃料油を微粒化するバーナで、霧化媒体である蒸気のエネルギーを利用するので、ターンダウン比が**広**い。

誤った選択肢の例②

ガンタイプバーナは、~~ノズルチップ~~と~~蒸気噴霧式~~バーナを組み合わせたもので、燃焼量の調節範囲が~~広~~い。

ガンタイプバーナは、**ファン**と**圧力噴霧式**バーナを組み合わせたもので、燃焼量の調節範囲は**狭**い。

誤った選択肢の例③

ボイラーに使用される重油バーナのうち、霧化媒体を必要とするのは、~~ガンタイプバーナ~~である。

ガンタイプバーナは、霧化媒体を必要としない。霧化媒体を必要とする重油バーナには、**蒸気（空気）噴霧式**バーナや、**低圧気流噴霧式**バーナがある。

それぞれのバーナのしくみを理解していれば、選択肢のどこがまちがっているのか、すぐわかるはずだよ。

液体燃料の燃焼③〈燃料油タンク等〉

レッスンの Point　重要度 ★★☆

液体燃料の燃焼装置のうち、ボイラーに燃料を供給する燃料油タンク、油ストレーナ、油加熱器について覚えよう。

必ず覚える基礎知識はこれだ！

ボイラーの燃料油タンクは、地下に設置される場合と、地上に設置する場合がある。また、用途により、貯蔵タンクとサービスタンクに分かれる。サービスタンクは、ボイラー室内に設置されることが多いんだ。

ボイラーの運転中に燃料を切らさないように、貯蔵タンクにまとまった量の燃料を貯めておき、貯蔵タンクからサービスタンクに、燃料を小出ししながら使用するんだ。

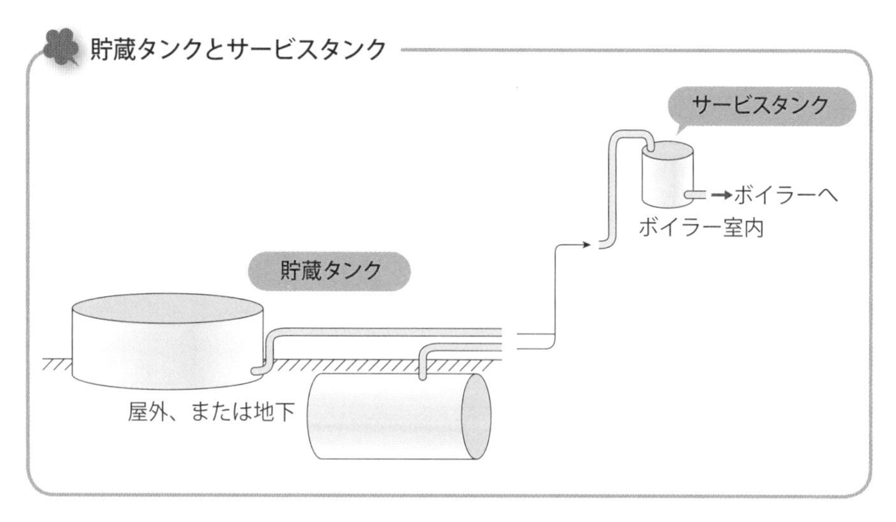

屋外に設置する貯蔵タンクには、次のものを取り付けなければならない。

- 油送入管（タンクの上部に設ける）
- 油取り出し管（タンクの底部から 20 ～ 30cm 上方に設ける）
- 通気管
- 水抜き弁（ドレン抜き弁）
- 油逃がし管（オーバフロー管）
- 油面計（ゆめんけい）
- 温度計
- 油加熱器
- 掃除穴
- アース

出題されるポイントはここだ！

ポイント◎1　サービスタンクの貯油量は、一般に、最大燃焼量の 2 時間分程度とされる。

貯蔵タンクには、1週間～1カ月の使用量に相当する燃料を貯蔵し、消費した分の燃料を、貯蔵タンクからサービスタンクに補給する。

ポイント◎2　屋外貯蔵タンクの油取り出し管は、タンクの底部から 20 ～ 30cm 上方に設ける。

屋外貯蔵タンクの油送入管はタンクの上部に、油取り出し管は、上記の位置に設ける。

タンクの底部には、ごみなどが沈殿しやすいので、燃料に異物が混入しないように、底部からやや上方に油取り出し管を設けるんだ。

ポイント◎ 3 **サービスタンクには、油面計のほかに、自動油面調節装置を取り付ける。**

屋外貯蔵タンクには、油面計を取り付ける。

サービスタンクには、常に一定の量の燃料油を確保しておく必要がある。そのために、自動油面調節装置を備えなければならないんだ。

ここも覚えて 点数UP！

油ストレーナは、燃料油中の土砂、鉄さび、ごみなどの固形物を除去する装置である。

油ストレーナは、給油管の途中に設ける。油ろ過器ともいう。

油加熱器（オイルヒータ）は、燃料油を加熱して、噴霧に最適な粘度にするための装置である。

一般に、粘度の高いB重油やC重油をボイラーの燃料として使用する場合は、油加熱器を使用して燃料を加熱し、粘度を下げる必要がある。比較的粘度の低いA重油は、通常は加熱を必要としないが、寒冷地で使用する場合などは、加熱しなければならないこともある。

油ポンプには、貯蔵タンクからサービスタンクに燃料を送る移送ポンプと、燃料油をバーナから噴霧するために必要な圧力に昇圧して供給する噴燃ポンプがある。

噴燃（ふんねん）ポンプには、通常、吐出し圧力の過昇を防ぐために、吐出し側から吸込み側への逃がし弁が設けられる。

液体燃料の燃焼④〈低温腐食〉

重要度 ★★☆

レッスンのPoint

重油燃焼による低温腐食がどのようにして起きるのかを理解し、低温腐食の防止のためにどんな方法が有効なのかを知ろう。

必ず覚える基礎知識はこれだ！

重油の燃焼による主な障害として、重油に含まれる硫黄分に起因する低温腐食が挙げられる。低温腐食は、次のような過程を経て生じるんだ。

① 重油に含まれる硫黄分（S）の燃焼により、二酸化硫黄（SO_2）が生成される。

$$S + O_2 \rightarrow SO_2$$

⬇

② 二酸化硫黄が、燃焼用空気中の過剰な酸素と反応して三酸化硫黄（SO_3）となる。

$$SO_2 + \frac{1}{2}O_2 \rightarrow SO_3$$

⬇

③ 三酸化硫黄が、燃焼ガスに含まれる水蒸気と反応して、硫酸蒸気（H_2SO_4）になる。

$$SO_3 + H_2O \rightarrow H_2SO_4$$

⬇

④ 硫酸ガスが、燃焼ガスの流路の低温部に接触し、露点（ろてん）以下に冷やされて凝縮し、液体の硫酸になって金属面を腐食する。

物体の温度が下がることによって、物体と接触している気体も冷やされ、ある温度になると、蒸気が凝縮して、物体の表面に露ができる。そのときの温度を露点(ろてん)というんだ。低温腐食は、重油に含まれる硫黄分から生成された硫酸蒸気が、ボイラーの低温伝熱面に接触して露点以下に冷やされ、凝縮して液体の硫酸になって金属面を腐食する現象だ。

出題されるポイントはここだ！

ポイント◎ 1

重油燃焼による低温腐食を防止するには、硫黄分の少ない重油を使用する。

低温腐食の原因となるのは、重油に含まれる硫黄分である。

ポイント◎ 2

エコノマイザの低温腐食を防止するには、給水温度を上昇させ、エコノマイザの伝熱面の温度を高く保つ。

エコノマイザの伝熱面の温度が露点よりも低くならないように、給水の温度を高くする。

ポイント◎ 3

空気予熱器の低温腐食を防止するには、ガス式空気予熱器と蒸気式空気予熱器を併用する。

ガス式空気予熱器の伝熱面の温度が露点よりも低くならないようにするために、蒸気式空気予熱器を併用する。

エコノマイザや（ガス式）空気予熱器では、排ガスの余熱が給水や燃焼用の空気の予熱に使われるので、伝熱面が低温になり、低温腐食が生じやすいんだ。

低温腐食は、燃焼ガスの通り道の中でも、比較的低温になる部分で起きるんですね。

ポイント○ 4

低温腐食を防止するには、燃焼室及び煙道への空気の漏入を防止することが必要である。

空気の漏入を防止することにより、煙道ガスの温度低下を防ぐ。

ポイント◎ 5

低温腐食を防止するには、重油に添加剤を加えて、燃焼ガスの露点を下げる。

露点が高いと、硫酸蒸気がより高い温度で凝縮するので、低温腐食が起こりやすい。したがって、低温腐食を防止するには、露点を下げる必要がある。

ここも覚えて　点数UP！

燃焼ガス中の酸素濃度を下げることにより、低温腐食を抑制できる。

燃焼ガス中の過剰な酸素が少なくなれば、p.175に示した低温腐食の過程のうち、②の二酸化硫黄から三酸化硫黄への転化率が低下し、露点も下がるので、低温腐食は抑制される。したがって、燃焼の際の空気比を小さくすることが、低温腐食の防止につながる。

語呂合わせで覚えよう

硫酸蒸気と露点の関係

露店に下がる赤提灯
（露点が）（下がると）

竜さん上機嫌
（硫酸は）（蒸気のまま）

⇨燃焼ガスの露点を下げると、燃焼ガス中の硫酸蒸気は凝縮しにくくなる。

気体燃料の燃焼①〈燃焼方式と燃焼の特徴〉

レッスンの Point

重要度 ★★☆

気体燃料の燃焼の特徴と、拡散燃焼方式、予混合燃焼方式の違いについて覚えよう。

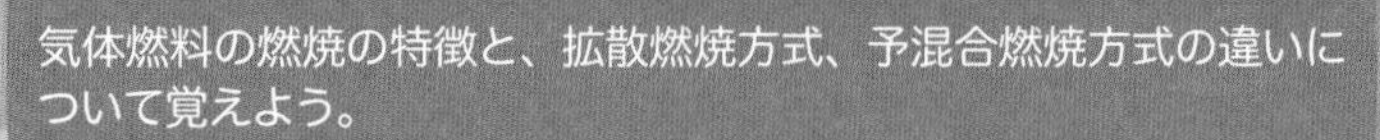

気体燃料は、空気と適当な割合で混合しているときに燃焼するという点では他の燃料と同様だが、気体なので、液体燃料のような微粒化、蒸発というプロセスを必要としない。気体燃料の燃焼方式は、空気との混合のさせ方によって、拡散燃焼方式と予混合燃焼方式に分類されるんだ。

拡散燃焼方式と予混合燃焼方式

燃焼方式	燃焼方法
拡散燃焼方式	ガスと空気を別々にバーナに供給して燃焼させる。
予混合燃焼方式	燃料ガスにあらかじめ空気を混合して燃焼させる。

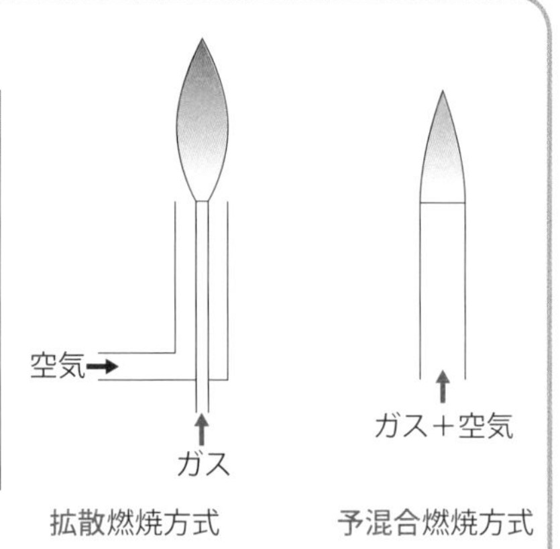

ボイラー用バーナでは、ほとんど拡散燃焼方式が採用されている。予混合燃焼方式は、主バーナに点火するためのパイロットバーナに用いられることがあるよ。

出題されるポイントはここだ！

ポイント◎ 1　気体燃料の燃焼では、空気との混合状態を比較的自由に設定できる。

空気との混合状態を比較的自由に設定でき、火炎の広がりや長さなどの調節が容易である。

ポイント◎ 2　気体燃料の燃焼は、点火、消火が容易である。

気体燃料の燃焼は、安定した燃焼が得られ、点火、消火が容易で、自動化しやすい。

ポイント◎ 3　気体燃料の燃焼では、燃料を加熱する必要はない。

重油の燃焼のように、燃料をあらかじめ加熱したり、霧化媒体として蒸気や空気を使用したりする必要がない。

ポイント◎ 4　ガス火炎は、油火炎よりも放射率が低い。

ガス火炎は、油火炎にくらべて放射率が低く、火炉での放射伝熱による伝熱量は減るが、接触伝熱面での伝熱量が増える。

気体燃料の燃焼の特徴を理解するには、家庭で使うガスコンロを思い浮かべるといいよ。

確かに、ガスコンロは火力の調節も自由にできるし、点火、消火も簡単にできますね。あらかじめ燃料を加熱する必要もありません。

ここも覚えて 点数UP！

○拡散燃焼方式の特徴
- バーナ内に可燃混合気を作らないので、逆火（さかび）（フラッシュバック）のおそれがない。
- 空気の流速、旋回強度、ガスの噴射角度、分割法などにより、火炎の広がり、長さ、温度分布などの調節が容易である。

○予混合燃焼方式の特徴
- 気体燃料特有の燃焼方式である。
- 安定した火炎を作りやすい。
- 逆火のおそれがある。

逆火とは、燃焼量を絞ったときに、バーナ内に火炎が戻る現象で、フラッシュバックともいう。逆火は、燃料ガスの噴出速度が、燃焼速度よりも遅くなったときに起きる。逆火が起きるのは、燃料ガスがあらかじめ空気と混合されている予混合燃焼方式の場合で、バーナ内で混合気が作られない拡散燃焼方式では、逆火のおそれはない。

※ ボイラーの点火時などに、たき口から火炎が吹き出る現象は逆火（ぎゃっか：バックファイヤ）といい、逆火（さかび）とは異なる（p.110 ～ 112 参照）。

拡散燃焼方式の場合は、バーナ内にある気体は燃料ガスだけで、空気が混合されていないので、逆火は生じないんだ。

燃焼の三要素のうちの空気（酸素）が欠けているので、バーナ内では燃焼が起こらないんですね。

Lesson 50

気体燃料の燃焼②〈ガスバーナ〉

レッスンのPoint　重要度 ★★☆

気体燃料を使用するボイラーに設置されるガスバーナの種類と、それぞれの特徴を覚えよう。

必ず覚える基礎知識はこれだ！

ボイラー用のガスバーナは、拡散燃焼方式によるものがほとんどで、空気の流速や旋回強度、ガスの噴射角度などによって、火炎の形状や、ガスと空気の混合速度などを調節しているんだ。ガスバーナは、燃料ガスの噴射方法により、次のように分類されている。

①センタータイプバーナ
②リングタイプバーナ
③マルチスパッドバーナ
④ガンタイプガスバーナ

ガスバーナの構造（センタータイプバーナの例）

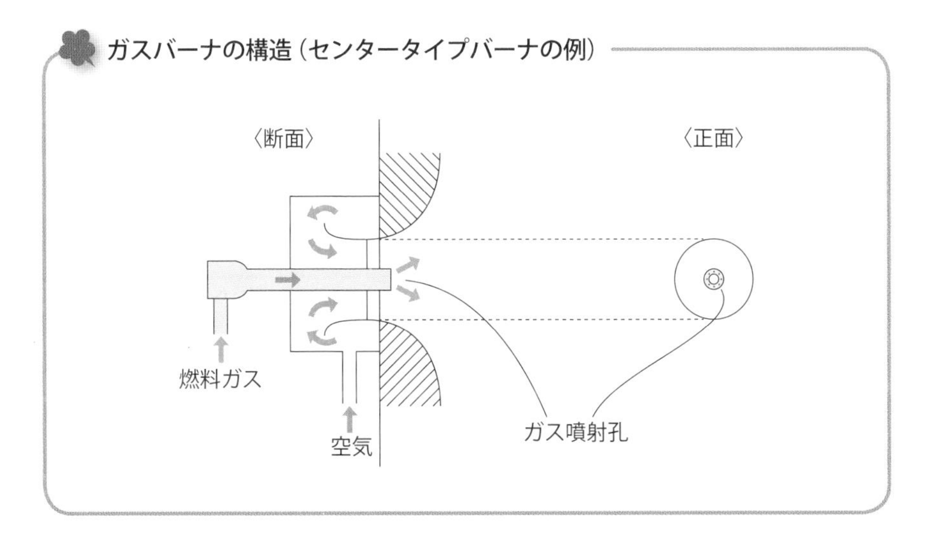

ガスバーナの構造（リングタイプバーナの例）

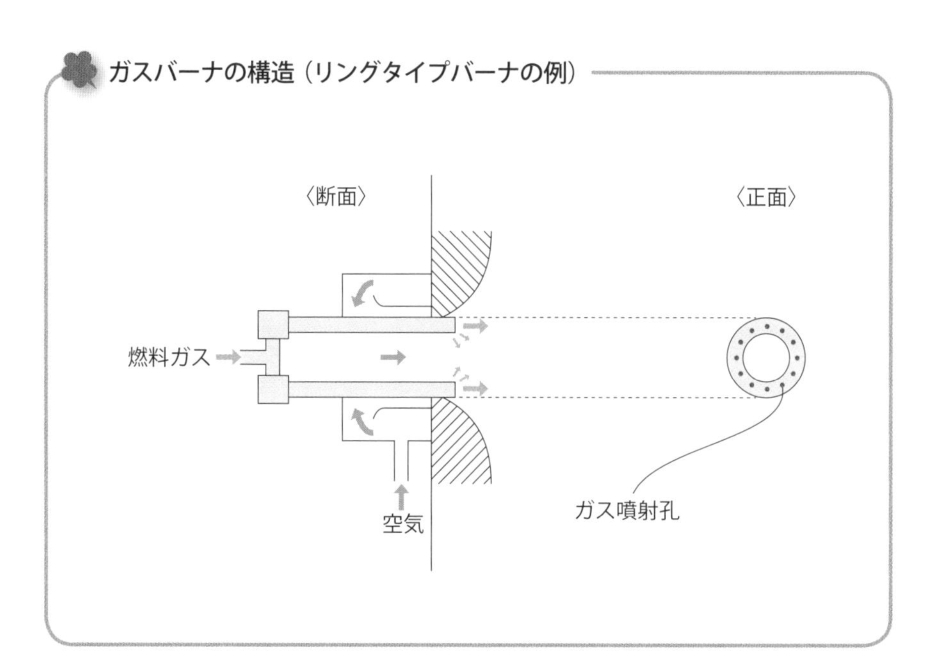

出題されるポイントはここだ！

ポイント◎ 1

センタータイプバーナは、空気流の中心にガスノズルがある。

センタータイプバーナは、最も単純な、基本的なバーナで、空気流の中心にガスノズルがあり、先端から放射状にガスを噴射する。

ポイント◎ 2

リングタイプバーナは、空気流の外側から、内側に向かってガスを噴射する。

リングタイプバーナは、リング状の管の内側に多数のガス噴射孔があり、空気流の外側から、内側に向かってガスを噴射する。

センタータイプバーナとリングタイプバーナでは、ガスを噴射する方向がまったく違いますね。

ポイント◎ 3

マルチスパッドバーナは、ガスノズルを分割することで、ガスと空気の混合の促進を図っている。

空気流中に数本のガスノズルがあり、ガスノズルを分割することで、ガスと空気の混合の促進を図っている。

リングタイプバーナ、マルチスパッドバーナには、中心に重油バーナを設けたものもあるよ。

気体燃料と液体燃料を併用する場合もあるんですね。

ポイント○ 4

ガンタイプガスバーナは、バーナ、ファン、点火装置、燃焼安全装置、負荷制限装置などを一体にしたものである。

ガンタイプガスバーナは、中・小容量ボイラーに用いられる。

こんな選択肢は誤り！

誤った選択肢の例

~~センタータイプバーナ~~は、空気流中に数本のガスノズルがあり、ガスノズルを分割することで、ガスと空気の混合を促進する。

センタータイプバーナは、最も単純な、基本的なバーナで、空気流の中心にガスノズルがある。空気流中に数本のガスノズルがあるのは、マルチスパッドバーナである。

固体燃料の燃焼

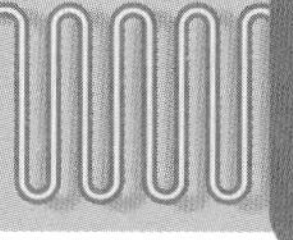

レッスンのPoint

重要度 ★★☆

固体燃料の燃焼方式のうち、試験によく出題されるのは流動層燃焼方式だ。そのしくみと特徴をしっかり押さえておこう。

必ず覚える基礎知識はこれだ！

固体燃料（主に石炭）の燃焼方式には、火格子燃焼、微粉炭バーナ燃焼、流動層燃焼の３つがある。

○火格子燃焼方式
固体燃料を、多数のすき間がある火格子の上で燃焼させる方式。

○微粉炭バーナ燃焼方式
石炭を微粉炭機で粉砕し、空気とともに圧送して、微粉炭バーナから炉内に吹き込んで、液体、気体燃料と同じように、燃焼室中で浮遊状態で燃焼させる方式。

○流動層燃焼方式
立て形の炉内に水平に設けられた多孔板（たこうばん）の上に、粒径1～5mmの石炭と、砂、石灰石などの固体粒子を供給し、多孔板の下から加圧された空気を吹き上げて、粒子層を流動化して燃焼させる方式。

微粉炭バーナ燃焼方式や流動層燃焼方式では、固体燃料を細かく砕いて表面積を大きくし、空気とよく混合させることで、燃焼効率を高めているんだ。

流動層燃焼方式

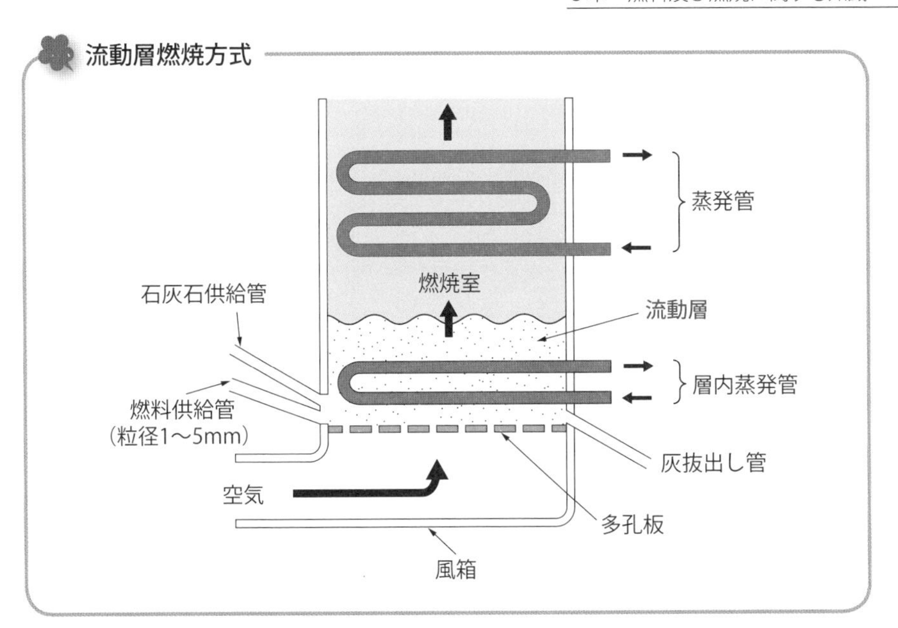

出題されるポイントはここだ！

ポイント◎ 1

流動層燃焼方式の特徴の一つは、低質な燃料でも使用できることである。

粒子状にした石炭を流動化して燃焼させるので、燃焼効率がよく、燃えにくい低質な燃料でも使用できる。

ポイント◎ 2

流動層燃焼方式の特徴の一つは、伝熱面積を小さくできることである。

流動層内での熱伝導率が大きく、伝熱性能がよいので、伝熱面積を小さくすることができる。

ポイント◎ 3

流動層燃焼方式は、微粉炭バーナ方式にくらべて、燃料の粉砕（ふんさい）動力が軽減される。

流動層燃焼方式は、石炭の粒径が 1 ～ 5mm と、微粉炭バーナ方式にくらべて大きいので、粉砕動力が軽減される。

ポイント◎ 4

流動層燃焼方式では、ばいじんの排出に配慮する必要がある。

ばいじん排出への対策として、集じん装置の設置が必要である。

ポイント○ 5

流動層燃焼方式では、窒素酸化物（NO_x）の発生は少ない。

流動層燃焼方式では、石炭灰の溶融を避けるために、層内温度を800～900℃に制御する。低温燃焼なので、窒素酸化物（NO_x）の発生は少ない。

ここも覚えて 点数UP！

流動層燃焼方式では、流動層に石灰石（$CaCO_3$）を送入することにより、硫黄酸化物（SO_x）の排出を抑えることができる。

流動層燃焼方式では、流動層に石灰石（$CaCO_3$）を送入することにより、炉内脱硫（だつりゅう）（硫黄分を取り除くこと）ができるので、硫黄酸化物（SO_x）の排出を抑えることができる。そのため、硫黄分の多い燃料の燃焼方法として利用されることもある。

語呂合わせで覚えよう

流動層燃焼方式の特徴

お節介かもしれないけれど、
（石灰石）

臭いソックス洗濯したら？
（SO_x）　（抑える）

⇨流動層燃焼方式では、流動層内に石灰石を送入することにより、硫黄酸化物（SO_x）の排出を抑えることができる。

大気汚染の防止

レッスンの Point　重要度 ★★☆

大気汚染物質の種類や、窒素酸化物のサーマル NOx とフューエル NOx の違いなどを覚えよう。

必ず覚える基礎知識はこれだ！

ボイラーの燃焼によって生じる大気汚染物質には、硫黄酸化物（SO_x）、窒素酸化物（NO_x）、ばいじん等がある。大気汚染防止法では、これらをまとめて、ばい煙と称しているんだ。

大気汚染物質の種類と性状

種　類	主な物質	環境や人体への影響
硫黄酸化物（SO_x）	• 大部分が二酸化硫黄（SO_2） • 三酸化硫黄（SO_3）が数% • 他の数種類が微量に含まれる。	人体に与える影響が大きく、呼吸器系統や循環器に障害をもたらす。酸性雨の原因にもなる。
窒素酸化物（NO_x）	• 大気汚染物質として特に重視されるのは、一酸化窒素（NO）と二酸化窒素（NO_2）	光化学スモッグや酸性雨の原因になる。高濃度の二酸化窒素は、呼吸器に悪影響を与える。
ばいじん	• ダスト（灰分を主体とする） • すす（燃焼により分解した炭素が遊離炭素として残存したもの）	呼吸器の障害、特に、慢性気管支炎の発症率に重大な影響を与える。

ボイラーを使用する施設では、これらの大気汚染物質の排出をできるかぎり少なくすることが必要だ。

出題されるポイントはここだ！

ポイント◎ 1

ボイラーの燃料の燃焼により発生する硫黄酸化物（SO_x）の大部分は、二酸化硫黄（SO_2）である。

燃焼により発生する硫黄酸化物の大部分が二酸化硫黄（SO_2）で、このほかに数%の三酸化硫黄（SO_3）があり、他の硫黄酸化物が微量に含まれる。

二酸化硫黄は、亜硫酸ガスともよばれる、代表的な大気汚染物質の一つだよ。

ポイント◎ 2

燃焼により発生する窒素酸化物（NO_x）の大部分は、一酸化窒素（NO）である。

燃焼により発生する窒素酸化物の95%近くが一酸化窒素（NO）である。NOの一部は、燃焼域の酸素により酸化されて、二酸化窒素（NO_2）になる。

大気汚染物質の発生の抑制

硫黄酸化物（SO_X）を抑制するには	➡硫黄分の少ない燃料を使用する。 ➡排煙脱硫装置を設置し、排ガス中の SO_2 を除去する。
窒素酸化物（NO_X）を抑制するには	➡炉内燃焼ガス中の酸素濃度を低くする。 ➡燃焼温度を低くし、特に局所的高温域が生じないようにする。 ➡高温燃焼域における燃焼ガスの滞留時間を短くする。 ➡窒素化合物の少ない燃料を使用する。 ➡排煙脱硝（だっしょう）装置を設置し、排ガス中の NO_X を除去する。

ポイント○ 3 **ボイラーの燃料の燃焼により発生する固体微粒子には、すすとダストがある。**

すすは、燃焼により分解した炭素が遊離炭素として残存したもので、ダストは灰分が主体で、若干の未燃分を含む。両者を総称して、ばいじんという。

ここも覚えて 点数UP！

燃焼により生成される窒素酸化物 (NO_x) には、サーマル NO_x とフューエル NO_x の2種類がある。

サーマル NO_x：　燃焼に使用された空気中の窒素が、高温条件下において酸素と反応して生成される NO_x

フューエル NO_x：燃料に含まれる窒素化合物が酸化されて生じる NO_x

空気中の窒素と酸素は、常温では反応しないけれど、高温になると反応してサーマル NO_x が生成される。その生成量は、燃焼温度が高くなるにつれて著しく増加するんだ。

窒素酸化物の発生を抑制する燃焼方法として、二段燃焼、濃淡燃焼、排ガス再循環などがある。

二段燃焼は、燃焼用の空気の供給を二段階に分けて行う燃焼方法で、第一段では理論空気量以下の空気を送り込み、第二段でさらに空気を送り込んで、燃焼を完結させる。これにより、燃焼室内の温度分布の偏りが小さくなり、燃焼温度のピークを低く抑えることができる。濃淡燃焼は、複数のバーナの一方を空気過剰、一方を空気不足の状態で燃焼させる方法で、二段燃焼と同じような効果が得られる。

燃焼室

レッスンのPoint

重要度 ★★☆

ボイラーの燃料を燃焼させる燃焼室には、どのような条件が求められるのかを理解しよう。

必ず覚える基礎知識はこれだ！

燃焼室において、燃料を効率よく燃焼させるためには、以下の条件が必要だ。

①燃焼室を高温に保つ。

②燃料を速やかに着火させる。

③燃料と燃焼用空気の混合をよくする。

④燃焼速度を速め、燃焼室内で燃焼を完結させる。

これらの条件を満たすために、一般に、燃焼室は次のような要件を具備しなければならないんだ。

- 燃焼室の形状が、使用する燃料や燃焼装置の種類に適合していること。
- 燃焼室の大きさが、燃料を完全燃焼させるのに十分であること。
- バーナタイルを設けるなど、着火を容易にするための構造を有すること。
- 燃料と空気の混合が、有効かつ急速に行われるような構造であること。
- 燃焼室に使用する耐火材は、燃焼温度に耐え、長期にわたって使用しても、焼損、スラグの溶着などの障害を起こさないこと。
- 炉壁は、放射熱の損失が少ない構造で、空気や燃焼ガスの漏入、漏出がないものであること。
- 炉は、十分な強度を有すること。

以上の一般的要件のほかに、油・ガスだき燃焼室、火格子燃焼室には、それぞれ、具備しなければならない特別の要件がある。

ボイラーの燃焼温度は、燃料の種類やその他の条件によって変わるけれど、1,800℃もの高温に達することもある。燃焼室は、そのような高温に耐えられるものでなければならないんだ。

出題されるポイントはここだ！

ポイント◎ 1

油・ガスだき燃焼室に使用するバーナは、火炎が放射伝熱面や炉壁を直射しないものでなければならない。

燃焼室の形状や大きさに適合しないバーナを使用すると、火炎が放射伝熱面や炉壁を直射し、それらを焼損したり、不完全燃焼を起こしたりする。

ポイント◎ 2

油・ガスだき燃焼室においては、燃焼ガスの炉内滞留時間を、燃焼完結時間よりも長くしなければならない。

燃料の燃焼が燃焼室内で完結するように、燃焼ガスの炉内滞留時間が、燃焼完結時間よりも長くなるように、燃焼室の大きさを定める必要がある。

こんな選択肢は誤り！

誤った選択肢の例

油・ガスだき燃焼室では、バーナの火炎が放射伝熱面や炉壁を直射~~する~~ようにし、伝熱効果を高めることが必要である。

バーナの火炎が、放射伝熱面や炉壁を直射しないようにする。

一次空気と二次空気

レッスンの Point　重要度 ★★☆

ボイラーの燃焼用空気には、一次空気と二次空気がある。それぞれの役割と、燃料や燃焼方式による違いを理解しよう。

必ず覚える基礎知識はこれだ！

ボイラーの燃焼に必要な空気は、通常、一次空気、二次空気の 2 段階にわたって供給されるんだ。

一次空気：燃焼装置によって、燃料の周辺に供給される。
二次空気：燃焼室内に供給され、燃料と空気の混合を良好にして、燃焼を完結させる。

一次空気と二次空気が、それぞれどのようにして供給されるかは、燃料や燃焼方式によって違うよ。

出題されるポイントはここだ！

ポイント◎ 1　油・ガスだき燃焼における一次空気は、噴射された燃料の周辺に供給され、初期燃焼を安定させる。

一次空気を供給することにより、燃料を確実に着火させ、初期燃焼を安定させる。

ポイント◎ 2

油・ガスだき燃焼における二次空気は、旋回(せんかい)、または交差流によって、燃料と空気の混合を良好にする。

二次空気は、旋回、または交差流によって、燃料と空気の混合を良好にし、低空気比で燃焼を完結させる。

ポイント◎ 3

火格子燃焼における一次空気は、上向き通風では、火格子の下から送入される。

一般的な上向き通風では、一次空気は火格子の下から供給される。

ポイント◎ 4

火格子燃焼における二次空気は、上向き通風では、燃料層の上の可燃ガスの火炎中に送入される。

二次空気は、燃料層の上から供給される。

火格子燃焼の一次空気・二次空気

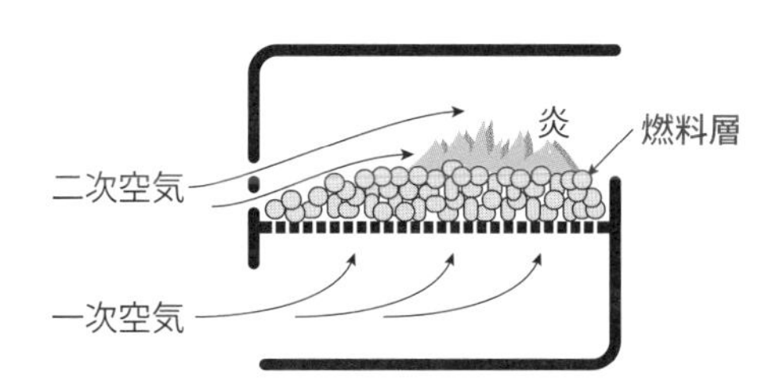

火格子燃焼では、供給される空気の大部分が一次空気で、二次空気は送られないこともあるよ。

一次空気だけでも、燃料を完全燃焼させることができるんですね。

ポイント◎ 5 **微粉炭バーナ燃焼における一次空気は、微粉炭と予混合してバーナに送入される。**

二次空気は、バーナの周囲から噴出される。

こんな選択肢は誤り！

誤った選択肢の例①

微粉炭バーナ燃焼における~~二次空気~~は、微粉炭と予混合してバーナに送入される。

微粉炭と予混合してバーナに送入されるのは、一次空気である。

誤った選択肢の例②

油・ガスだき燃焼における~~一次空気~~は、旋回、または交差流によって燃料と空気の混合を良好にし、燃焼を完結させる。

油・ガスだき燃焼において、一次空気は、噴射された燃料の周辺に供給され、初期燃焼を安定させる。旋回、または交差流によって燃料と空気の混合を良好にし、燃焼を完結させるのは、二次空気である。

誤った選択肢の例③

火格子燃焼における一次空気と二次空気の割合では、~~二次空気~~が大部分を占める。

火格子燃焼では、供給される空気の大部分を一次空気が占め、二次空気を送らないものもある。

ボイラーの通風

レッスンのPoint

重要度 ★★☆

自然通風力が生じるしくみや、人工通風の方式、人工通風に使用されるファンの形式などを覚えよう。

必ず覚える基礎知識はこれだ！

ボイラーの運転中は、燃焼室に送り込まれる燃料を継続的に燃焼させるために、絶えず適量の空気を供給することが必要だ。一方、燃焼によって生じた燃焼ガスは、ボイラー本体、過熱器、エコノマイザなどの伝熱面に接触しながら流れ、保有する熱量を伝えたのちに、大気に放出されなければならない。このような、空気と燃焼ガスの流れをボイラーの通風といい、通風を起こさせる力を通風力というんだ。

通風の方式には、自然通風と人工通風がある。

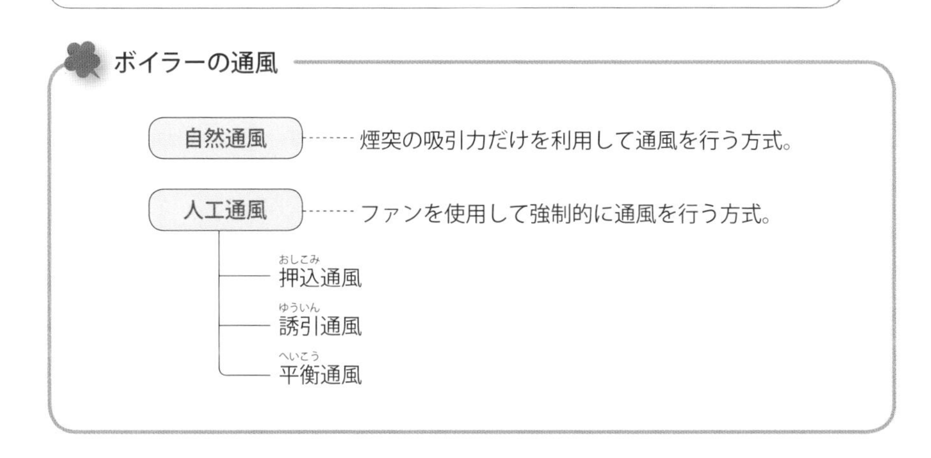

煙突によって自然通風力が生じるしくみ

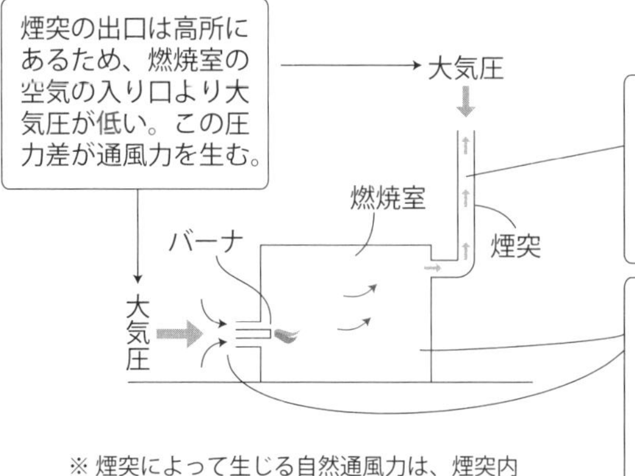

燃焼室で熱せられたガスは、膨張して密度が小さくなるため、煙突を通って上昇する。

燃焼室内の圧力は大気圧よりも低くなるので、圧力差により吸引力が生じ、外部から空気が進入する。

※ 煙突によって生じる自然通風力は、煙突内のガスの密度と外気の密度の差に煙突の高さを乗じたものである。

出題されるポイントはここだ！

ポイント◎1　煙突によって生じる自然通風力は、煙突の高さが高いほど大きくなる。

煙突の高さが高いほど、煙突の出口と燃焼室付近の大気圧の差が大きくなるため、自然通風力は大きくなる。

ポイント◎2　煙突によって生じる自然通風力は、煙突内のガスの温度が高いほど大きくなる。

煙突内のガスの温度が高いほど、熱膨張によりガスの密度が小さくなり、外気の密度との差が大きくなるので、自然通風力は大きくなる。

このように、煙突の自然通風力だけでボイラーの通風を起こすことができるけれど、その通風力は弱いので、多くのボイラーでは人工通風が行われているよ。

ポイント◎ 3

押込通風は、ファンを用いて、燃焼用空気を大気圧よりも高い圧力の炉内に押し込む方式である。

押込通風は、炉内に漏れ込む空気がなく、ボイラー効率が上昇するが、気密が不十分であると、燃焼ガス、ばい煙などが外部に漏れる。

ポイント◎ 4

誘引通風は、煙道、または煙突入り口に設けたファンにより、燃焼ガスを吸い出し、煙突に放出する方式である。

誘引通風は、燃焼ガスの外部への漏れ出しがないが、大型のファンを要し、所要動力も大きい。また、誘引ファンには、腐食、摩耗が生じやすい。

ポイント○ 5

平衡通風は、押込ファンと誘引ファンを併用する方式である。

平衡通風は、通風抵抗の大きなボイラーでも、強い通風力が得られる。炉内圧は、通常は大気圧よりわずかに低くなるよう調節する。

押込通風、誘引通風、平衡通風の炉内の圧力と所要動力について比較すると、次のようになるよ。

○炉内の圧力
押込通風…大気圧よりも高い。
誘引通風…大気圧よりも低い。
平衡通風…通常は、大気圧よりもわずかに低くする。

○所要動力
押込通風 ＜ 平衡通風 ＜ 誘引通風

最も大きな動力を必要とするのは、誘引通風ですね。

ここも覚えて 点数UP！

人工通風に使用されるファンの形式

ここも覚える プラスα

形式	形状	風圧	特徴
多翼形ファン	羽根車の外周近くに、浅く幅長で前向きの羽根を多数設けたファン。	0.15～2kPa	• 小型、軽量で安価である。 • 効率が低く、大きな動力を要する。 • 羽根の形状が脆弱で、高温、高圧、高速での使用には適さない。
後向き形ファン	羽根車の主板と側板の間に、8～24枚の後向きの羽根を設けたファン。	2～8kPa	• 効率がよく、動力が小さくてすむ。 • 高温、高圧、大容量に適する。 • 形状が大きく、高価である。
ラジアル形ファン	中央の回転軸から放射状に6～12枚のプレートを取り付けたファン。	0.5～5kPa	• 強度が高く、摩耗、腐食に強い。 • 形状が単純で、プレートの交換が容易である。 • 大型で重量が大きく、設備費がかかる。

後向き形ファンはターボ形ファン、ラジアル形ファンはプレート形ファンともいうんだ。

最も大きな風圧を生み出せるのは、後向き形ファンですね。

法令関係

4章のレッスンの前に

まず、これだけ覚えよう！

法令で定められた、ボイラーに関するさまざまな規則を覚えることが、この章の目的だ。そのためには、法令で使われる用語の意味を正確に知っておくことが必要だよ。

① ボイラーの定義

ボイラーには、蒸気ボイラーと温水ボイラーがある。蒸気ボイラーは、次の3つの要件によって定義される。

①熱源が、火気、高温ガス、または電気である。
②水または熱媒を加熱して、蒸気を作る装置である。
③作った蒸気を他に供給する装置である。

上の②③の文中の「蒸気」を「温水」に置き換えると、温水ボイラーの定義になるんだ。

② ボイラーの規模による区分

ボイラーは、労働安全衛生法という法律や、その他の法令により規制されている。法令に定められた検査を受けてボイラー検査証を交付されたボイラーでなければ使用できないし、ボイラーの製造、設置、管理等についても、これらの法令に従わなければならないんだ。ボイラーの取扱いにも資格が必要だ。

ただし、法令によるボイラーの定義から除かれている規模の小さいボイラーは、上記のような規制を受けない。このようなボイラーを、通常、簡易ボイラーと呼んでいる。簡易ボイラーは、簡易ボイラー等構造規格に適合したものであれば、法令に規制されることなく設置でき、検査の必要もなく、資格がなくても誰でも取り扱うことができる。

簡易ボイラーでないボイラーは関係法令による規制を受けるが、そのうち、一定の規模以下のものは小型ボイラーとされ、法令による規制が緩和されており、法令に定められた検査や検査証の交付を受ける必要はない。また、小型ボイラーに該当しないボイラーの中で一定の規模以下のものは、小規模ボイラーと呼ばれている。小規模ボイラーについては、就業制限に関する規定が緩和されている（p.214参照）。

※ 簡易ボイラー、小規模ボイラーは、法令に定められた正式な用語ではないが、法令による規制の有無や内容に関連しており、よく用いられる表現だ。

以上のようなボイラーの規模による区分は、ボイラーの最高使用圧力、伝熱面積などによって細かく規定されている。下図に示すのはその区分に関する規定の一部だよ。

○蒸気ボイラーの最高使用圧力と伝熱面積による区分

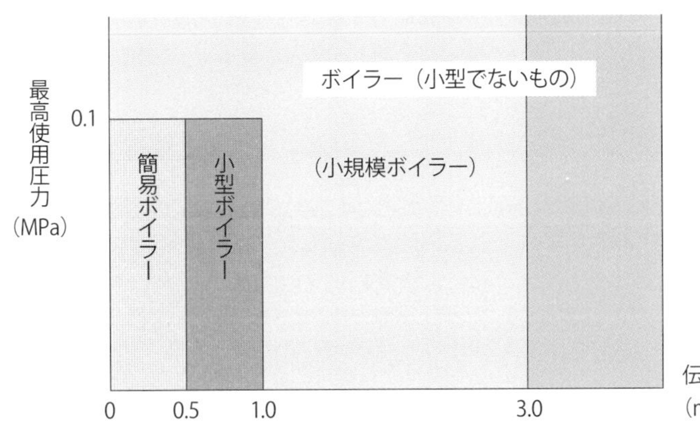

※ 最高使用圧力はゲージ圧力（標準大気圧を0とする）

※ 簡易ボイラーは、伝熱面積にかかわらず、最高使用圧力0.3MPa以下で内容積0.0003m^3のものを含む。

ボイラーの伝熱面積

レッスンのPoint　重要度 ★★☆

ボイラーの伝熱面積に算入される部分と、算入されない部分の区別をしっかり覚えよう。

必ず覚える基礎知識はこれだ！

ボイラーの燃料の燃焼によって生じた熱は、胴、水管、煙管、炉筒などの壁面を通して、ボイラー水に伝えられる。つまり、ボイラーが蒸気（または温水）を発生する能力は、その壁面の広さに左右されることになるんだ。このように、燃焼ガスからボイラー水に熱を伝える壁面を伝熱面といい、その燃焼ガス側の面積を、伝熱面積というんだ。

伝熱面積は、ボイラーの規模や能力を表す尺度として使われる。ボイラーに関するさまざまな規制も、伝熱面積に応じて定められていることが多いんだ。

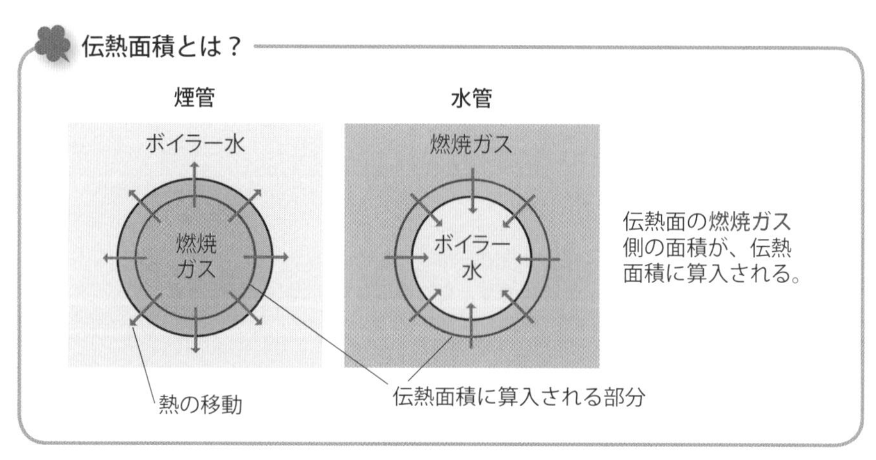

伝熱面積に算入される部分

形　式	特　　徴
丸ボイラー 鋳鉄製ボイラー	• 火気、燃焼ガスその他の高温ガスに触れる本体の面で、裏面が水または熱媒に触れるものの面積（燃焼ガス等に触れる面にひれ、スタッド等を有するものは、規定によりそれらの部分の面積に一定の係数を乗じて得た面積を加える）
貫流ボイラー以外の水管ボイラー	• 水管または管寄せ（燃焼ガス等に触れる部分の面積） • ひれ付水管（ひれの取付け状態と受熱の状態により、ひれの面積に一定の係数を乗じた面積） • 耐火れんがに覆われた水管（管の外周の壁面に対する投影面積） • スタッドチューブ（受熱の状態により、管またはスタッドの面積に一定の係数を乗じた面積） • ベーレー式水壁（燃焼ガスに触れる面の面積）
貫流ボイラー	• 燃焼室入口から過熱器入口までの水管の、燃焼ガスに触れる面の面積
電気ボイラー	• 電力設備容量 60kW を $1m^2$ とみなして、最大電力設備容量を面積に換算

出題されるポイントはここだ！

ポイント◎ 1　煙管については内径側、水管については外径側で伝熱面積を計算する。

伝熱面積には、燃焼ガスが通る側、すなわち、煙管の場合は内径側、水管の場合は外径側の面積を算入する。

立てボイラーの横管 ➡ ボイラー水が通る管なので、外径側の面積を伝熱面積に算入する。

煙管ボイラーの煙管 ➡ 燃焼ガスが通る管なので、内径側の面積を伝熱面積に算入する。

ポイント◎
2
水管ボイラーのドラムは、伝熱面積に算入しない。

水管ボイラーでは、伝熱面積に算入されるのは水管や管寄せ(くだよせ)などの部分で、蒸気ドラムや水ドラムは算入されない。

管寄せとは、多くの管が1カ所に集められた部分、または、そこから多くの管に分かれる部分のことだ。

ポイント〇
3
エコノマイザ、過熱器、空気予熱器は、伝熱面積に算入されない。

これらも熱の移動が行われる部分であるが、伝熱面積には算入されないことに注意する。

誤った選択肢の例①

水管ボイラーでは、耐火れんがに覆われた水管の面積は、伝熱面積に算入~~されない~~。

耐火れんがに覆われた水管は、管の外周の壁面に対する投影面積が伝熱面積に算入される。

誤った選択肢の例②

水管ボイラーの管寄せは、伝熱面積に算入~~されない~~。

水管ボイラーの管寄せは、水管とともに伝熱面積に算入される。

ボイラーの製造・設置／性能検査

レッスンの Point

重要度 ★★☆

ボイラーの製造から使用開始までの流れや、ボイラー検査証の有効期間の更新のために必要な性能検査について覚えよう。

必ず覚える基礎知識はこれだ！

ボイラーの安全を確保するために、ボイラーは、製造、設置、使用、廃止などの各段階で、法令により規制されている。ただし、規模の小さい小型ボイラーは、一般のボイラーに比べて規制が緩和されているんだ（簡易ボイラーは、構造規格に適合していれば規制を受けない）。

ボイラーの製造から使用に至るまでに必要な手続き（小型ボイラーを除く）

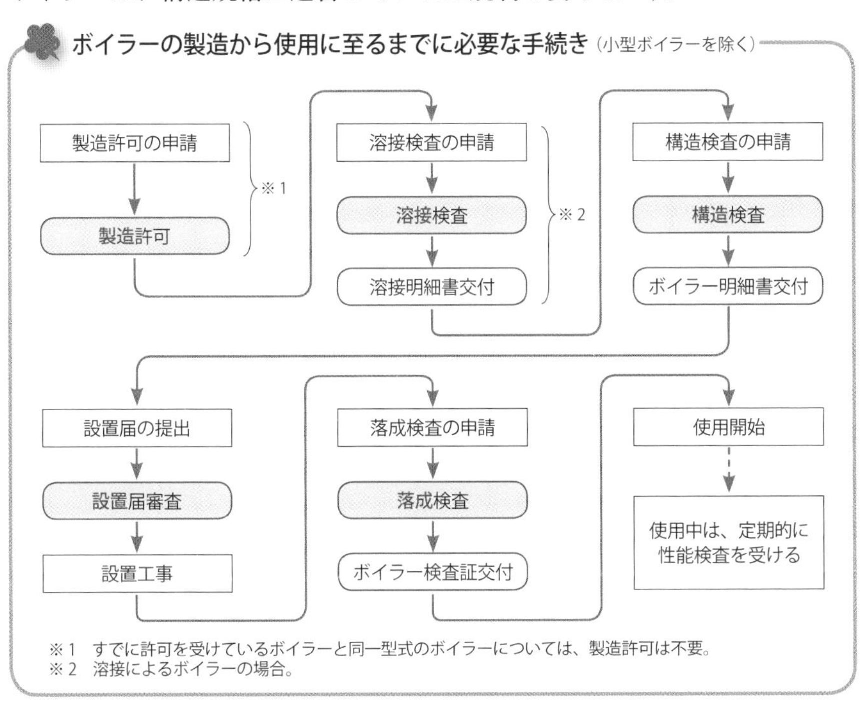

※1　すでに許可を受けているボイラーと同一型式のボイラーについては、製造許可は不要。
※2　溶接によるボイラーの場合。

出題されるポイントはここだ！

ポイント○ 1

ボイラー（小型ボイラーを除く）を製造しようとする者は、所轄都道府県労働局長の許可を受けなければならない。

ボイラー（小型ボイラーを除く）を製造しようとする者は、あらかじめ、所轄都道府県労働局長の許可を受けなければならない。

※ すでに許可を受けているボイラーと型式が同じであるものについては、製造許可の申請は必要ない。

ポイント○ 2

ボイラー（小型ボイラー、移動式ボイラーを除く）を設置した者は、落成検査を受けなければならない。

ボイラー（小型ボイラー、移動式ボイラーを除く）を設置した者は、所轄労働基準監督署長が行う落成検査を受けなければならない。

※ 所轄労働基準監督署長が落成検査の必要がないと認めたボイラーについては、この限りでない。

ポイント◎ 3

落成検査に合格したボイラーには、ボイラー検査証が交付される。

所轄労働基準監督署長は、落成検査に合格したボイラー、または、落成検査の必要がないと認めたボイラーについて、ボイラー検査証を交付する。

ボイラー検査証を受けていないボイラーは、使用することができない。いわば、自動車の車検証のようなものだね。ボイラー検査証の有効期間は原則として１年だよ。

ポイント◎ 4

ボイラー検査証の有効期間の更新を受けようとする者は、性能検査を受けなければならない。

登録性能検査機関が行う性能検査に合格したボイラーについては、ボイラー検査証の有効期間が更新される。新たな有効期間は、原則として１年である。

ポイント◎ 5

性能検査は、ボイラー、ボイラー室、ボイラーと配管の配置状況、据付基礎、燃焼室と煙道の構造について行われる。

落成検査においても、これらの事項について検査を行う。

ポイント○ 6

性能検査を受ける者は、原則として、ボイラー（燃焼室を含む）及び煙道を冷却し、掃除しなければならない。

原則として、ボイラー（燃焼室を含む）及び煙道を冷却し、掃除し、その他検査に必要な準備を行い、検査に立ち会わなければならない。

ここも覚えて 点数UP！

ボイラー検査証を滅失し、または損傷したときは、検査証の再交付を受けなければならない。

ボイラーを設置している者は、ボイラー検査証を滅失し、または損傷したときは、ボイラー検査証再交付申請書に下記の書面を添えて所轄労働基準監督署長に提出し、検査証の再交付を受けなければならない。

- ボイラー検査証を滅失したときは、その旨を明らかにする書面
- ボイラー検査証を損傷したときは、その検査証

設置されたボイラーに関し、事業者に変更があったときは、ボイラー検査証の書替えを受けなければならない。

設置されたボイラーに関し、事業者に変更があったときは、変更後の事業者は、その変更後10日以内に、ボイラー検査証書替申請書にボイラー検査証を添えて所轄労働基準監督署長に提出し、その書替えを受けなければならない。

ボイラーの変更、休止及び廃止／使用検査／使用再開検査

重要度 ★★☆

レッスンの Point

ボイラーの変更届の提出、使用検査、使用再開検査は、それぞれどのような場合に必要になるのかをしっかり覚えよう。

必ず覚える基礎知識はこれだ！

ボイラー（小型ボイラーを除く）の安全上重要な部分を変更（修繕）しようとする場合は、変更届を提出し、変更検査を受けなければならない。ボイラー検査証の有効期間の満了後までボイラーを休止する場合は、休止報告の提出が必要だ。ボイラーを廃止した場合は、遅滞なくボイラー検査証を返還しなければならないんだ。

ボイラーの変更、休止、廃止に伴う手続き（小型ボイラーを除く）

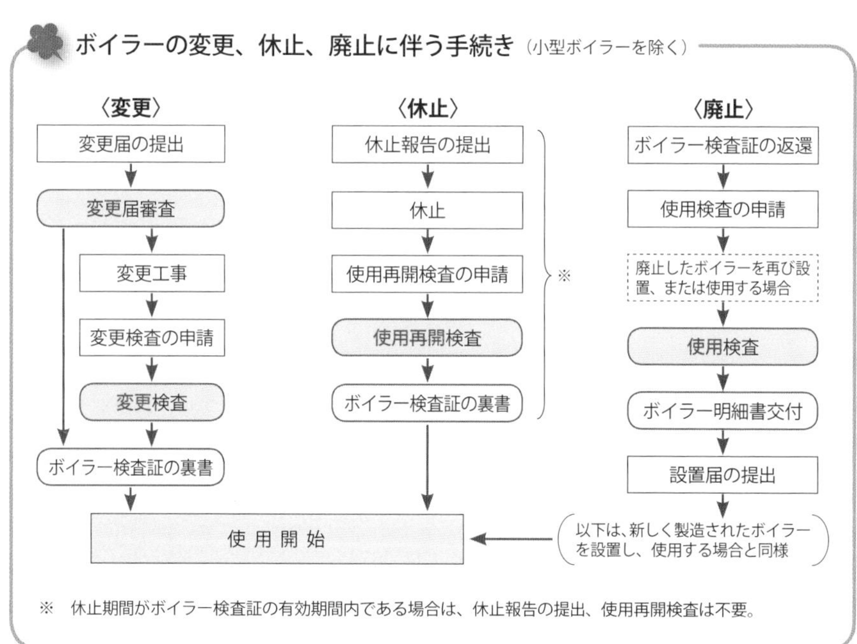

出題されるポイントはここだ！

ポイント◎ 1

使用を廃止したボイラー（小型ボイラーを除く）を再び設置する場合は、使用検査を受けなければならない。

使用検査に合格した後は、新品のボイラーの場合と同様に設置届を提出し、設置工事終了後に落成検査を受け、合格するとボイラー検査証が交付される。

使用検査と使用再開検査は名称もまぎらわしいけれど、その違いをしっかり覚えておこう。

下記に該当する場合は、ボイラーの使用検査を受けなければならない。

①ボイラーを輸入した場合。

②構造検査、または使用検査を受けた後、1年以上（保管状況が良好であると認められた場合は、2年以上）設置されなかったボイラーを設置しようとする場合。

③使用を廃止したボイラーを再び設置し、または使用しようとする場合。

ポイント◎ 2

使用を休止したボイラー（小型ボイラーを除く）を再び使用しようとする場合は、使用再開検査を受けなければならない。

休止期間がボイラー検査証の有効期間内である場合は、使用再開検査は不要である。

使用を廃止したボイラーは使用検査、使用を休止したボイラーは使用再開検査か。これは間違えやすそうなので、要注意ですね。

ここも覚えて 点数UP！

ボイラー（小型ボイラーを除く）の安全上重要な部分を変更（修繕）しようとする場合は、変更届を提出しなければならない。

変更届を提出する必要があるのは、下記のものを変更する場合である。

①胴、ドーム、炉筒、火室、鏡板、天井板、管板、管寄せ、ステー

②附属設備のうち、節炭器（エコノマイザ）、過熱器

③燃焼装置

④据付基礎

上記に含まれないもの、例えば、煙管ボイラーの煙管、水管ボイラーの水管、給水装置、空気予熱器などを変更する場合は、変更届を提出する必要はない。

変更届を提出して変更を加えたボイラーについては、所轄労働基準監督署長が行う変更検査を受けなければならない。

ボイラーの検査の種類と、その検査を受ける時期をまとめると、次のようになる。

溶接検査………… 溶接作業に着手する前に検査を申請（溶接によるボイラーの場合）

構造**検査**………… ボイラーを製造したとき

落成**検査**………… ボイラーの設置工事が終了した後

性能**検査**………… ボイラー検査証の有効期間が満了する前

使用**検査**………… 使用を廃止したボイラーを再び設置し、または使用しようとする場合など

使用再開**検査**…… 使用を休止したボイラーを再び使用しようとするとき

変更**検査**………… ボイラーの変更工事が終了したとき（変更届の提出は、変更工事の開始の日の30日前まで）

ボイラー室

重要度 ★★☆

レッスンのPoint

ボイラーを設置するボイラー室に関しては、安全を確保するためにさまざまな規制が設けられている。細かい数値もしっかり覚えよう。

必ず覚える基礎知識はこれだ！

ボイラーは、ボイラー室に設置しなければならない。ボイラー室とは、ボイラーを設置するために設けられた専用の建物、または、建物の中の障壁で区画された場所をいうんだ。ただし、次のボイラーについては、ボイラー室に設置する必要はない。

①伝熱面積 $3m^2$ 以下のボイラー
②移動式ボイラー
③屋外式ボイラー

移動式ボイラーとは、蒸気機関車用のボイラーのように、設置場所が移動するボイラーのことだよ。

出題されるポイントはここだ！

ポイント◎1　ボイラーの最上部から、天井、配管、その他の上部にある構造物までの距離は、1.2m 以上にしなければならない。

安全弁その他の附属品の検査、取扱いに支障のない場合は、この距離の制限は受けない。

ポイント◎ 2

本体を被覆していないボイラーまたは立てボイラーの外壁から、壁、配管などの側部にある構造物までの距離は 0.45m 以上。

胴の内径 500mm 以下で、かつ、長さ 1,000mm 以下のボイラーの場合は 0.3m 以上。検査及び掃除に支障のない場合は、距離の制限は受けない。

ポイント◎ 3

ボイラーと、その金属製の煙突、煙道から 0.15m 以内にある可燃物は、金属以外の不燃性の材料で被覆しなければならない。

ボイラー、煙突、煙道が厚さ 100mm 以上の金属以外の不燃性の材料で被覆されているときは、上記の制限を受けない。

ポイント◎ 4

ボイラー室に重油タンクを設置する場合は、ボイラーの外側から 2m 以上離して設置しなければならない。

燃料は、ボイラーの外側から 2m 以上（固体燃料の場合は 1.2m 以上）離して貯蔵しなければならない（防火のための措置を行った場合を除く）。

ボイラー室に関する規制

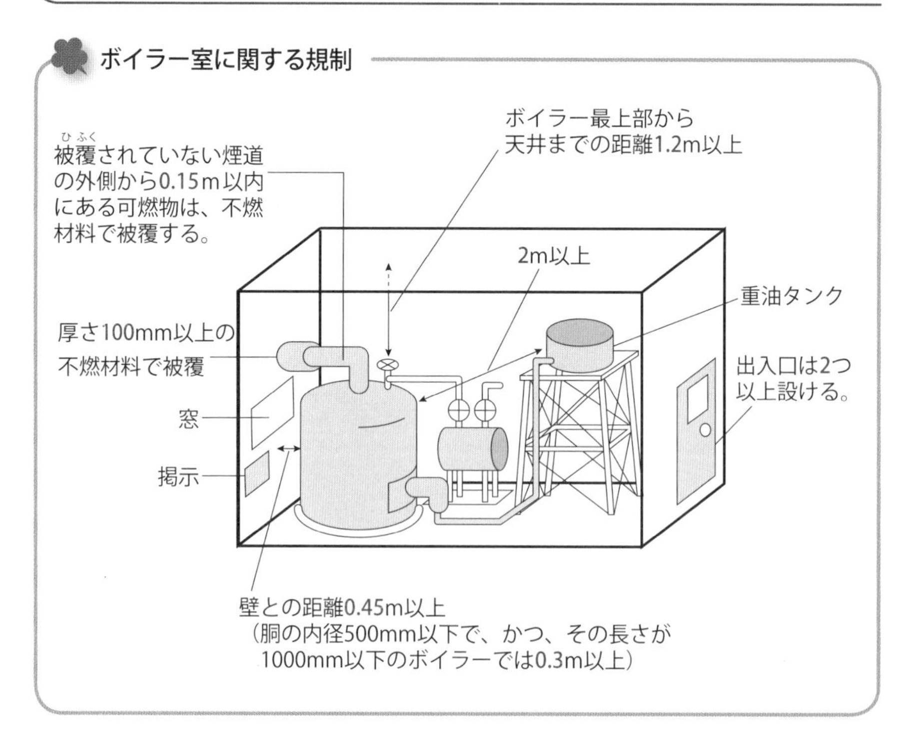

ポイント◎ 5 **ボイラー室には、原則として2以上の出入口を設けなければならない。**

緊急時に避難するのに支障がないとみなされる場合は、出入口は1つでよい。

ポイント◎ 6 **ボイラー室には、燃焼が正常に行われていることを容易に監視できるような措置を講じなければならない。**

煙突からの排ガスの排出状況を観測するための窓を設けるなどして、燃焼が正常に行われていることを容易に監視できるようにしなければならない。

ここも覚えて 点数UP！

ボイラー室の管理等については、次のことを行うよう定められている。ボイラーを設置する事業者は、これらのことを確実に行わなければならない。

①ボイラー室に関係者以外の者がみだりに立ち入ることを禁止し、その旨を見やすい箇所に掲示する。
②ボイラー室には、必要のある場合を除いて、引火しやすい物を持ち込ませない。
③ボイラー室には、必要な予備品や修繕用工具類を備えておく。
④ボイラー検査証、ならびに、ボイラー取扱作業主任者(p.217～219参照)の資格、氏名をボイラー室の見やすい箇所に掲示する。
⑤燃焼室、煙道などのれんがに割れが生じ、または、ボイラーとれんが積みの間にすき間が生じたときは、火災予防のため、すみやかに補修する。

Lesson 60 ボイラー取扱いの就業制限

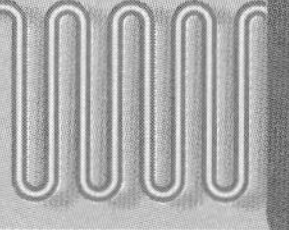

レッスンの Point

重要度 

ボイラーの取扱い業務を行うことができる資格は、ボイラーの規模によって異なる。その区分をきちんと整理して覚えよう。

必ず覚える基礎知識はこれだ！

ボイラー技士免許には、特級ボイラー技士免許、1級ボイラー技士免許、2級ボイラー技士免許の3種類があるが、免許の区分にかかわらず、ボイラー技士は、すべてのボイラーを取り扱うことができるんだ。小規模ボイラーの規模を超えるボイラーの取扱いに従事できるのは、ボイラー技士のみだ（職業訓練中の者を除く）。

小規模ボイラー以下の規模のボイラーの取扱いについては下表のとおり。簡易ボイラーには、資格等の制限は特にないよ。

ボイラーの規模による就業制限

資格等	ボイラー	小規模ボイラー	小型ボイラー	簡易ボイラー
ボイラー技士免許者（または職業訓練生）	取扱い可	取扱い可	取扱い可	取扱い可
ボイラー取扱技能講習修了者	取扱い不可	取扱い可	取扱い可	取扱い可
特別教育を受けた者	取扱い不可	取扱い不可	取扱い可	取扱い可
上記のいずれにも該当しない者	取扱い不可	取扱い不可	取扱い不可	取扱い可

大 ← 規模 → 小

出題されるポイントはここだ！

ポイント◎ 1

胴の内径が 750mm を超える蒸気ボイラーは、ボイラー技士免許を受けた者でなければ取り扱うことができない。

胴の内径が 750mm 以下で、かつ、その長さが 1300mm 以下の蒸気ボイラーは、ボイラー取扱技能講習を修了した者も取り扱うことができる。

ポイント◎ 2

伝熱面積 14m^2 を超える温水ボイラーは、ボイラー技士免許を受けた者でなければ取り扱うことができない。

伝熱面積 14m^2 以下の温水ボイラーは、ボイラー取扱技能講習を修了した者も取り扱うことができる。

ボイラー技士免許を受けた者でなければ取り扱うことができないのは、小規模ボイラーの規模を超えるボイラーだから、小規模ボイラーの定義を覚えることが必要だ。

小規模ボイラーの定義

- 胴の内径が 750mm 以下で、かつ、その長さが 1300mm 以下の蒸気ボイラー
- 伝熱面積が 3m^2 以下の蒸気ボイラー
- 伝熱面積が 14m^2 以下の温水ボイラー
- 伝熱面積が 30m^2 以下の貫流ボイラー（気水分離器を有するものでは、その内径が 400mm 以下で、かつ、その内容積が 0.4m^3 以下のものに限る）

上のいずれかに当てはまるものは、小規模ボイラー、もしくは、それ以下の規模のボイラーなので、技能講習を受けた人も取り扱うことができますね。

伝熱面積が30m²を超える貫流ボイラーは、ボイラー技士免許を受けた者でなければ取り扱うことができない。

伝熱面積が30m²以下で、気水分離器を有しない貫流ボイラーは、ボイラー取扱技能講習を修了した者も取り扱うことができる（気水分離器を有するものについては、p.215参照）。

ここも覚えて 点数UP！

最大電力設備容量が180kW以下の電気ボイラーは、ボイラー取扱技能講習を修了した者も取り扱うことができる。

電気ボイラーは、電力設備容量60kWを1m²とみなして、最大電力設備容量を伝熱面積に換算する（p.203の表参照）。したがって、最大電力設備容量180kW以下の電気ボイラーは、伝熱面積3m²以下のボイラーとみなされる。このボイラーは、小規模ボイラーに含まれるので、ボイラー技士のほか、ボイラー取扱技能講習を修了した者も取り扱うことができる。

電気ボイラーの場合は、電力設備容量を伝熱面積に換算する必要があるんですね。

電気ボイラーの伝熱面積は、これまで電力設備容量20 kWを1 m²とみなしてきたけれど、令和5年12月の改正で、20 kW → 60 kWに変更されたんだ。そのため、電気ボイラーは、最大電力設備容量180 kW以下が小規模ボイラーとみなされるよ。

ボイラー取扱作業主任者

重要度 ★★☆

レッスンの Point

ボイラー取扱作業主任者の選任基準となる伝熱面積の算定方法を覚えよう。特に、貫流ボイラーとその他のボイラーの違いが重要だ。

必ず覚える基礎知識はこれだ！

事業者は、ボイラーの取扱い及び管理を正しく行い、安全を確保し、災害の発生を防止するために、ボイラーの規模に応じた一定の資格を有する者をボイラー取扱作業主任者に選任し、その者に作業者の指揮などを行わせなければならないんだ。

ボイラー取扱作業主任者の選任基準

取り扱うボイラーの伝熱面積の合計		ボイラー取扱作業主任者となるために必要な資格
貫流ボイラー以外のボイラー（貫流ボイラーまたは廃熱ボイラーを混用する場合を含む）※1	貫流ボイラーのみの場合	
$500m^2$ 以上		特級ボイラー技士
$25m^2$ 以上 $500m^2$ 未満	$250m^2$ 以上	特級ボイラー技士 1級ボイラー技士
$25m^2$ 未満	$250m^2$ 未満	特級ボイラー技士 1級ボイラー技士 2級ボイラー技士
小規模ボイラーのみ ※2		特級ボイラー技士 1級ボイラー技士 2級ボイラー技士 ボイラー取扱技能講習修了者

※1 貫流ボイラーまたは廃熱ボイラーを混用する場合については、次ページ参照。
※2 小規模ボイラーについては、上記の伝熱面積に算入しない。小規模ボイラーの定義は、p.215 参照。

出題されるポイントはここだ！

ポイント◎ 1

伝熱面積 $30m^2$ の煙管ボイラー1基を取り扱う場合、2級ボイラー技士をボイラー取扱作業主任者に選任することができない。

貫流ボイラー以外のボイラーで、伝熱面積が $25m^2$ 以上 $500m^2$ 未満なので、2級ボイラー技士をボイラー取扱作業主任者として選任することができない。

ポイント◎ 2

伝熱面積が $100m^2$ の貫流ボイラー1基を取り扱う場合、2級ボイラー技士をボイラー取扱作業主任者に選任することができる。

貫流ボイラーで、伝熱面積が $250m^2$ 未満なので、2級ボイラー技士をボイラー取扱作業主任者として選任することができる。

このように、2級ボイラー技士の試験では、2級ボイラー技士がボイラー取扱作業主任者になれるかどうかが問われることが多いので、その条件をしっかり覚えておこう。

貫流ボイラー以外のボイラーと貫流ボイラーを混用する場合

- 貫流ボイラー以外のボイラーについては、実際の伝熱面積そのままの値を、貫流ボイラーについては、伝熱面積に10分の1を乗じた値を算入する。

例：伝熱面積 $300m^2$ の水管ボイラー1基と、伝熱面積 $200m^2$ の貫流ボイラー2基を取り扱う場合

$$300[m^2] + \frac{200}{10}[m^2] \times 2 = 340[m^2]$$

なので、伝熱面積の合計は $340m^2$ とみなされる。$25\,m^2$ 以上 $500\,m^2$ 未満なので、p.217の表により、特級ボイラー技士、または1級ボイラー技士の免許を有する者をボイラー取扱作業主任者に選任しなければならない。

ここも覚えて　点数UP！

事業者は、ボイラー取扱作業主任者に、次のことを行わせなければならない。

①ボイラーの圧力、水位、燃焼状態を監視する。
②ボイラーに急激な負荷の変動を与えないように努める。
③最高使用圧力を超えて圧力を上昇させない。
④安全弁の機能の保持に努める。
⑤1日に1回以上、水面測定装置の機能を点検する。
⑥適宜、吹出しを行い、ボイラー水の濃縮を防ぐ。
⑦給水装置の機能の保持に努める。
⑧低水位燃焼遮断装置、火炎検出装置、その他の自動制御装置を点検し、調整する。
⑨ボイラーについて異状を認めたときは、ただちに必要な措置を講じる。
⑩排出されるばい煙の測定濃度と、ボイラー取扱い中における異常の有無を記録する。

また、事業者は、ボイラー取扱作業主任者を2人以上選任したときは、それぞれの職務の分担を定め、責任を明確にしておかなければならない。

ボイラー取扱作業主任者については、選任基準、職務のどちらかが、ほぼ毎回出題されている。一度に両方出題されたこともあるよ。

ここをしっかり押さえておけば、正解率アップにつながりそうですね。がんばろう！

定期自主検査

レッスンのPoint 重要度 ★★☆

ボイラーの定期自主検査については、検査の対象となる項目と点検事項の組み合わせに関する問題がよく出題されるので注意しよう。

必ず覚える基礎知識はこれだ！

小型ボイラーを除くボイラーは、原則として1年ごとに性能検査を受けなければならないが、ボイラー本体、燃焼装置、自動制御装置、附属装置及び附属品の中には、さらに短い期間ごとに点検しなければならない箇所がある。そのため、事業者は、ボイラーの使用開始後、1か月以内ごとに1回、定期自主検査を行うよう定められているんだ。

事業者は、定期自主検査の結果を記録し、その記録を3年間保存しなければならない。

ボイラーを使用しない期間が1か月を超える場合は、その間は定期自主検査を行わなくてよい。でも、再び使用を開始するときには、定期自主検査が必要だよ。

出題されるポイントはここだ！

ポイント◎ 1

ボイラー（小型ボイラーを除く）は、使用開始後1か月以内ごとに1回、定期自主検査を行わなければならない。

事業者は、定期自主検査の結果を記録し、3年間保存しなければならない。

ポイント◎ 2 **定期自主検査は、ボイラー本体、燃焼装置、自動制御装置、附属装置及び附属品について行う。**

それぞれの点検事項は下表の通りである。定期自主検査において異状を認めたときは、補修その他の必要な措置を講じなければならない。

ポイント◎ 3 **燃焼装置のうち、バーナ、バーナタイル及び炉壁については、汚れ、または損傷の有無を点検する。**

油加熱器及び燃料送給装置、ストーカ及び火格子については、損傷の有無を、ストレーナについては、詰まり、または損傷の有無を点検する。

定期自主検査の点検事項

項　目		点検事項
ボイラー本体		損傷の有無
燃焼装置	油加熱器及び燃料送給装置	損傷の有無
	バーナ	汚れ、または損傷の有無
	ストレーナ	詰まり、または損傷の有無
	バーナタイル及び炉壁	汚れ、または損傷の有無
	ストーカ及び火格子	損傷の有無
	煙道	漏れ、その他の損傷の有無、及び通風圧の異常の有無
自動制御装置	起動及び停止の装置、火炎検出装置、燃料遮断装置、水位調節装置、ならびに圧力調節装置	機能の異常の有無
	電気配線	端子の異常の有無
附属装置及び附属品	給水装置	損傷の有無及び作動の状態
	蒸気管及びこれに附属する弁	損傷の有無及び保温の状態
	空気予熱器	損傷の有無
	水処理装置	機能の異常の有無

ポイント◎ 4

煙道については、漏れ、その他の損傷の有無、及び通風圧の異常の有無を点検する。

煙道については、通風圧の異常の有無が点検事項に含まれることに注意する。

ポイント◎ 5

蒸気管及びこれに附属する弁については、損傷の有無及び保温の状態を点検する。

蒸気管及びこれに附属する弁については、保温の状態が点検事項に含まれることに注意する。

定期自主検査に関する問題では、検査項目と点検事項の組み合わせの正誤が問われることが多いので要チェックだ。

ここも覚えて 点数 UP !

事業者は、労働者が掃除、修繕等のためにボイラーまたは煙道の内部に入るときは、ボイラーまたは煙道を冷却し、内部の換気を行わなければならない。

事業者は、労働者が掃除、修繕等のためボイラー（燃焼室を含む）または煙道の内部に入るときは、以下の事項を行わなければならない。

- ボイラーまたは煙道を冷却すること。
- ボイラーまたは煙道の内部の換気を行うこと。
- ボイラーまたは煙道の内部で使用する移動電線は、キャブタイヤケーブルまたはこれと同等以上の絶縁効力及び強度を有するものを使用させ、かつ、移動電灯は、ガードを有するものを使用させること。
- 使用中の他のボイラーとの管連絡を確実に遮断すること。

圧力計または水高計の目盛りには、ボイラーの最高使用圧力を示す位置に見やすい表示をしなければならない。

事業者は、ボイラーの附属品の管理について、以下の事項を行わなければならない。

- 逃がし管は、凍結しないように保温その他の措置を講ずること。
- 圧力計または水高計は、使用中その機能を害するような振動を受けることがないようにし、かつ、その内部が凍結し、または80℃以上の温度にならない措置を講ずること。
- 圧力計または水高計の目盛りには、ボイラーの最高使用圧力を示す位置に見やすい表示をすること。
- 蒸気ボイラーの常用水位は、ガラス水面計またはこれに接近した位置に、現在水位と比較することができるように表示すること。
- 燃焼ガスに触れる給水管、吹出管及び水面測定装置の連絡管は、耐熱材料で防護すること。
- 温水ボイラーの返り管については、凍結しないように保温その他の措置を講ずること。

安全弁の管理に関する規定については、Lesson63 のポイント 4、ポイント 5 を参照しよう。

事業者は、ボイラーからばい煙を排出しないように努めなければならない。

事業者は、設置するボイラーについて、ボイラーから排出されるばい煙による障害を予防するため、関係施設及び燃焼方法の改善その他必要な措置を講ずることにより、ばい煙を排出しないように努めなければならない。

鋼製ボイラーの構造規格①〈安全弁〉

レッスンの Point　重要度 ★★☆

ボイラー構造規格の中でも、最も出題頻度が高いのは、安全弁に関する規格だ。これだけはぜひ押さえておこう。

必ず覚える基礎知識はこれだ！

ボイラー構造規格は、ボイラーの設計、材料その他の構造上の規格を定めたもので、事業者は、この規格により定められた基準に合格したボイラーでなければ、使用してはならないこととされているんだ。

ボイラーを製造したときは、そのボイラーがボイラー構造規格に適合し、安全が確保されているかどうかを確認するために、構造検査を受けることが義務づけられているぞ（p.205の図参照）。

ボイラーの製造時だけでなく、使用中においても、ボイラー構造規格に定められた要件を維持しなければならないんだ。

出題されるポイントはここだ！

ポイント◎ 1　安全弁は、ボイラー本体の容易に検査できる位置に、直接取り付けなければならない（貫流ボイラーを除く）。

ボイラー本体の容易に検査できる位置に直接取り付け、弁軸は鉛直にしなければならない。

ポイント○ 2
貫流ボイラーは、安全弁を、ボイラー本体でなく過熱器の出口付近に取り付けることができる。

貫流ボイラーは、ボイラーの最大蒸発量以上の吹出し量の安全弁を、本体でなく過熱器の出口付近に取り付けることができる。

ポイント◎ 3
伝熱面積が 50m² を超える蒸気ボイラーには、安全弁を 2 個以上備えなければならない。

伝熱面積が 50m² 以下の蒸気ボイラーでは、安全弁を 1 個にすることができる。

ポイント◎ 4
蒸気ボイラーの安全弁は、内部の圧力を最高使用圧力以下に保持することができるものにしなければならない。

安全弁が 2 個以上あり、1 個を最高使用圧力以下で作動するように調整したときは、他の安全弁を最高使用圧力の 3%増以下で作動するように調整できる。

ポイント◎ 5
過熱器には、過熱器の出口付近に、過熱器の温度を設計温度以下に保持することができる安全弁を備えなければならない。

過熱器用の安全弁は、過熱器の焼損を防止するため、ボイラー本体の安全弁より先に作動するように調整しなければならない。

過熱器用の安全弁はボイラー本体の安全弁よりも先に、エコノマイザの安全弁（逃がし弁）はボイラー本体の安全弁よりも後に作動するように調整しなければならないんだ（p.120 参照）。

ポイント◎ 6
水の温度が 120℃を超える温水ボイラーには、安全弁を備えなければならない。

水の温度が 120℃以下の鋼製温水ボイラーには、逃がし弁を備えなければならない（逃がし管を備えた場合は、逃がし弁は不要）。

誤った選択肢の例①

水の温度が~~100~~℃を超える鋼製温水ボイラー（貫流ボイラー及び小型ボイラーを除く）には、安全弁を備えなければならない。

水の温度が<u>120</u>℃を超える鋼製温水ボイラー（貫流ボイラー及び小型ボイラーを除く）には、安全弁を備えなければならない。

誤った選択肢の例②

過熱器用の安全弁は、ボイラー本体の安全弁より後に作動するように調整しなければならない。

過熱器用の安全弁は、ボイラー本体の安全弁より<u>先</u>に作動するように調整しなければならない。

誤った選択肢の例③

鋼製蒸気ボイラー（小型ボイラーを除く）で、安全弁を1個とすることができる最大の伝熱面積は、~~30~~m^2である。

伝熱面積が50m^2以下の鋼製蒸気ボイラーでは、安全弁を1個とすることができる。したがって、安全弁を1個とすることができる最大の伝熱面積は、<u>50</u>m^2である。

伝熱面積が30m^2ならば、50m^2以下だから安全弁を1個にできるけれど、「安全弁を1個とすることができる最大の伝熱面積」は30m^2ではないことに注意しよう。

鋼製ボイラーの構造規格②〈圧力計・水面測定装置等〉

レッスンのPoint　重要度 ★★☆

圧力計に関する規格では、目盛盤の最大指度に関する問題がよく出題されている。しっかり覚えておこう。

必ず覚える基礎知識はこれだ！

圧力計は、蒸気ボイラーの蒸気部、水柱管、または、水柱管に至る蒸気側連絡管に取り付ける。圧力計は、ボイラー内部の圧力を正確に知ることができ、使用中にその機能が損なわれないものでなければならない。

水面測定装置は、ボイラーの水位を正確に示すものでなければならない。

そのため、ボイラー構造規格には、水面測定装置（ガラス水面計）の正しい取付け位置や、使用するガラスの規格、水面計の構造などについて定められているんだ。

ボイラーを安全に運転するためには、これらの計測器が常に正常に機能し、正確な値を示すことが非常に重要なので、計測器についてもさまざまな規格が設けられているんだ。

ボイラーの運転において重要なのは、ボイラー内部の圧力が最高使用圧力を超えないようにすること。圧力計には、それを確実に確認できるような構造と性能が求められるんだ。

ボイラーの運転中は、水位が正常に保たれていることを常時確認しなければなりませんから、水面測定装置の役割も重要ですね。

出題されるポイントはここだ！

ポイント◎ 1

圧力計は、蒸気が直接入らないように取り付けなければならない。

高温の蒸気が直接圧力計に入ると、圧力計に誤差が生じるおそれがあるので、蒸気が直接入らないような構造にしなければならない（p.51 ～ 52 参照）。

ポイント◎ 2

圧力計は、コック、または弁の開閉状況を容易に知ることができるものでなければならない。

圧力計への連絡管は、容易に閉そくしない構造にしなければならない。

ポイント◎ 3

圧力計の目盛盤の最大指度は、最高使用圧力の 1.5 倍以上 3 倍以下の圧力を示す指度にしなければならない。

ボイラーの最高使用圧力が 1MPa ならば、目盛盤の最大指度は、1.5MPa 以上、3MPa 以下でなければならない。

ポイント◎ 4

貫流ボイラーを除く蒸気ボイラーには、ボイラー本体、または水柱管にガラス水面計を取り付けなければならない。

蒸気ボイラーには、原則として 2 個以上のガラス水面計を取り付ける。ガラス水面計は、ガラス管の最下部が安全低水面を指示する位置に取り付ける。

つまり、ガラス管に水面が見えないときは、ボイラーの水位が安全低水面より下がっている、非常に危険な状態だということ。

ポイント◎ 5

水側連絡管を、水柱管、ボイラー本体に取り付ける口は、水面計で見ることができる最低水位より上であってはならない。

水側連絡管は、管の途中に中高または中低のない構造にし、水柱管、ボイラー本体に取り付ける口は、水面計の最低水位より上であってはならない。

ポイント◎ 6　**蒸気側連絡管を、水柱管、ボイラー本体に取り付ける口は、水面計で見ることができる最高水位より下であってはならない。**

蒸気側連絡管は、管の途中にドレンのたまる部分のない構造にし、水柱管、ボイラー本体に取り付ける口は、水面計の最高水位より下であってはならない。

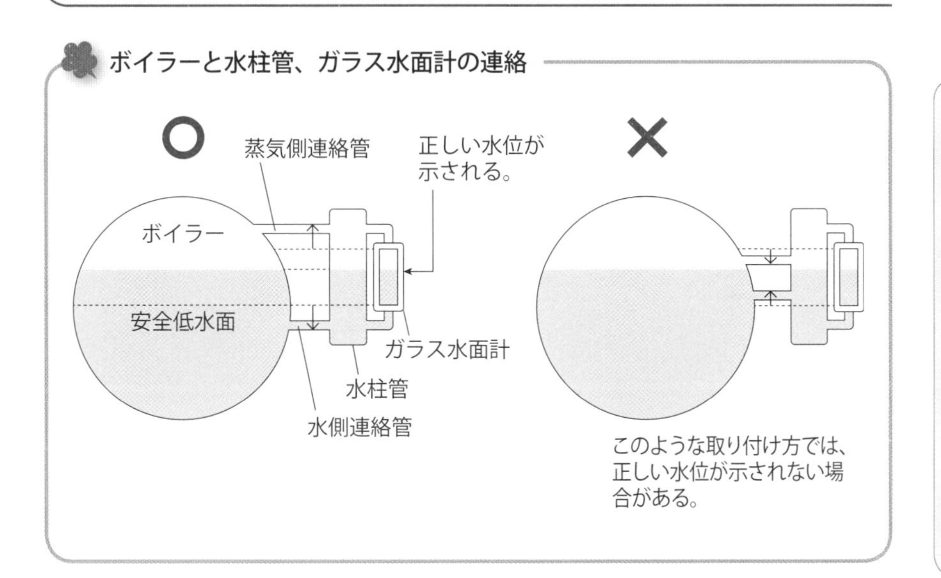

64 鋼製ボイラーの構造規格②〈圧力計・水面測定装置等〉

ここも覚えて 点数 UP！

小容量のボイラーや鋳鉄製ボイラーでは、ガラス水面計のうちの１個に代えて、験水コックを設けることができる。

下記のボイラーでは、ガラス水面計のうちの１個を、ガラス水面計でない水面測定装置（験水コック（けんすい））とすることができる。験水コックは、蒸気ボイラーの胴または水柱管に取り付けるコックで、コックを開閉して吹出しを行うことによりボイラー内部の水位の位置を点検する装置である。

- 胴の内径が 750mm 以下の蒸気ボイラー
- 遠隔（えんかく）指示水面測定装置を２個取り付けた蒸気ボイラー
- 鋳鉄製ボイラー

温水ボイラーには、ボイラー本体または温水の出口付近に水高計を取り付けなければならない。

温水ボイラーには、下記に定めるところにより、ボイラー本体または温水の出口付近に水高計を取り付けなければならない。ただし、水高計に代えて圧力計を取り付けることができる。鋳鉄製温水ボイラーについても同様である。

- コックまたは弁の開閉状況を容易に知ることができること。
- 水高計の目盛盤の最大指度は、最高使用圧力の 1.5 倍以上 3 倍以下の圧力を示す指度とすること。

水高計の目盛盤の最大指度に関する規定は、圧力計の場合と同じですね。

水高計は、温水ボイラーの内部にかかる圧力を測るものなので、蒸気ボイラーの圧力計と役割は同じだからね。

蒸気ボイラーには、過熱器の出口付近における蒸気の温度を表示する温度計を取り付けなければならない。

温水ボイラーには、ボイラーの出口付近における温水の温度を表示する温度計を取り付けなければならない（鋳鉄製温水ボイラーについても同様）。

Lesson 65

鋼製ボイラーの構造規格③〈給水装置等〉

レッスンの Point　重要度 ★★☆

給水装置等に関する規格では、2以上の蒸気ボイラーを結合して使用する場合の規定などを覚えておこう。

必ず覚える基礎知識はこれだ！

蒸気ボイラーは、燃料の燃焼による熱でボイラー水を蒸発させ、その蒸気を利用するための装置だから、ボイラーの運転中は常に、蒸発により失われた分の水を補給する必要がある。したがって、蒸気ボイラーの給水装置は、ボイラーの最大蒸発量以上のボイラー水を給水できるものでなければならないんだ。

ボイラーの運転中に給水装置が故障した場合、ボイラー水が不足して低水位事故につながるおそれがある。だから、次のボイラーには給水装置を2個備えなければならない。

○給水装置を2個備えなければならない蒸気ボイラー
- ①燃料の供給を遮断しても、ボイラーへの熱供給が続くもの（固体燃料を使用するものなど）
- ②低水位燃料遮断装置を有しないもの

上記のボイラーに設置する給水装置は、2個とも、随時単独に最大蒸発量以上のボイラー水を給水できるものでなければならない。ただし、1つの給水装置が、2個以上の給水ポンプを結合したものである場合は、他の給水装置の給水能力については要件が緩和されるんだ。

出題されるポイントはここだ！

ポイント◎ 1

蒸気ボイラーには、最大蒸発量以上を給水することができる給水装置を備えなければならない。

蒸発により失われた分の水を常に補給しなければならないので、給水装置には、ボイラーの最大蒸発量以上を給水する能力が必要である。

ポイント◎ 2

近接した2以上の蒸気ボイラーを結合して使用する場合は、それらを1つのボイラーとみなして給水装置を設置する。

この場合、結合して使用するすべてのボイラーを1つの蒸気ボイラーとみなして、給水装置に関する規定が適用される。

ボイラーを結合して使用する場合は、ボイラーごとに給水装置を設ける必要はないが、給水装置はすべてのボイラーの最大蒸発量の合計以上の給水能力を有していなければならないんだ。

ポイント◎ 3

給水装置の給水管には、ボイラーに近接した位置に、給水弁と逆止め弁を取り付けなければならない。

ただし、貫流ボイラーと、最高使用圧力0.1MPa未満の蒸気ボイラーの場合は、給水弁のみにすることができる。

ポイント○ 4

給水内管は、取り外しができる構造でなければならない。

給水内管（p.65参照）は、掃除などの際に容易に取り外しができる構造でなければならない。

ポイント◎ 5

蒸気ボイラーに自動給水調整装置を設ける場合は、各ボイラーに独立して設けなければならない。

ボイラーの水位調節を確実に行うために、自動給水調整装置は、各ボイラーに独立して設けなければならない。

ここも覚えて 点数UP！

自動給水調整装置を有する蒸気ボイラー（貫流ボイラーを除く）には、そのボイラーごとに、低水位燃料遮断装置を設けなければならない。

低水位燃料遮断装置とは、起動時に水位が安全低水面以下である場合及び運転時に水位が安全低水面以下になった場合に、自動的に燃料の供給を遮断する装置をいう。

貫流ボイラーには、ボイラーごとに、起動時にボイラー水が不足している場合及び運転時にボイラー水が不足した場合に、自動的に燃料の供給を遮断する装置またはこれに代わる安全装置を設けなければならない。

蒸気止め弁は、当該蒸気止め弁を取り付ける蒸気ボイラーの最高使用圧力及び最高蒸気温度に耐えるものでなければならない。

ドレンがたまる位置に蒸気止め弁を設ける場合には、ドレン抜きを備えなければならない。

過熱器には、ドレン抜きを備えなければならない。

蒸気ボイラー（貫流ボイラーを除く）には、吹出し弁または吹出しコックを取り付けた吹出し管を備えなければならない。

最高使用圧力1MPa以上の蒸気ボイラー（移動式ボイラーを除く）の吹出し管には、吹出し弁を2個以上、または吹出し弁と吹出しコックをそれぞれ1個以上、直列に取り付けなければならない。2基以上の蒸気ボイラーの吹出し管は、ボイラーごとに独立していなければならない。

鋳鉄製ボイラーの構造規格

レッスンのPoint 重要度 ★★☆

鋳鉄製ボイラーについては、鋼製ボイラーとは異なる構造規格が定められている。その重要な部分を押さえておこう。

必ず覚える基礎知識はこれだ！

鋳鉄は、炭素を多く含む鋳物(いもの)用の鉄で、加工がしやすい半面、その性質上、衝撃に対してはもろく、圧力に対する強度も、鋼鉄(こうてつ)にくらべると弱いんだ。そのため、鋳鉄製ボイラーは、低圧の暖房用蒸気ボイラーや、温水ボイラーとして使用される。ボイラー構造規格により、以下のボイラーは鋳鉄製にすることができないぞ。

①圧力 0.1MPa を超えて使用する蒸気ボイラー
②圧力 0.5MPa を超えて使用する温水ボイラー ※
③温水温度 120℃を超える温水ボイラー

※ JIS 等の規定により破壊試験を行って最高使用圧力を測定する場合は、圧力 1MPa まで。

鋳鉄製ボイラーは、材質も構造も鋼製ボイラーとは大きく違うので、鋼製ボイラーとは異なる構造規格が定められているんだ。ここでは、その一部を取り上げるよ。

鋳鉄製ボイラーは、鋼製ボイラーにくらべると強度が低いので、高圧、大容量のボイラーには適さないのでしたね。

出題されるポイントはここだ！

ポイント◎ 1　鋳鉄製温水ボイラーで、圧力が0.3MPaを超えるものには、温水温度自動制御装置を設けなければならない。

温水温度自動制御装置を設けて、温水温度が120℃を超えないようにする。

ポイント◎ 2　給水が水道その他の圧力を有する水源から供給される場合、給水管を返り管に取り付けなければならない。

鋳鉄製蒸気ボイラーは、復水を循環使用するため返り管を備えている。給水管は、ボイラー本体に直接取り付けるのでなく、返り管に取り付ける。

鋳鉄製蒸気ボイラーの給水配管

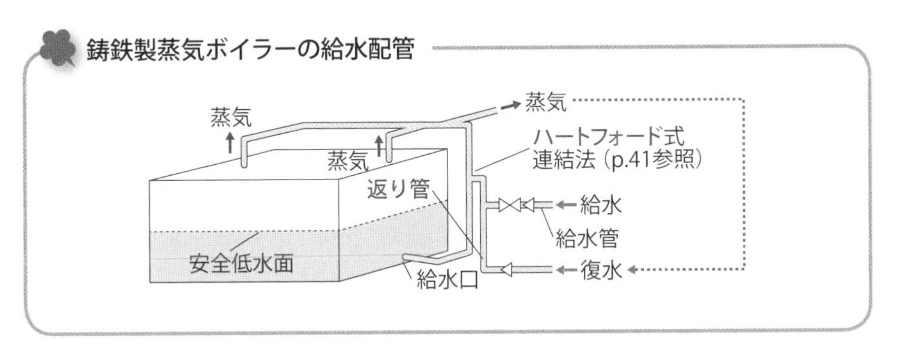

こんな選択肢は誤り！

誤った選択肢の例

鋳鉄製温水ボイラーで、圧力が~~0.5~~MPaを超えるものには、温水温度が~~100~~℃を超えないように、温水温度自動制御装置を設けなければならない。

鋳鉄製温水ボイラーで、圧力が0.3MPaを超えるものには、温水温度が120℃を超えないように、温水温度自動制御装置を設けなければならない。

さくいん

英字

あ行

か行

さ行

た行

な行

は行

ま行

や行

ら行

本書に関する正誤情報等は、下記のアドレスでご確認ください。
http://www.s-henshu.info/2bggt2401/

上記掲載以外の箇所で正誤についてお気づきの場合は、**書名・発行日・質問事項（該当ページ・行数・問題番号**などと**誤りだと思う理由）・氏名・連絡先**を明記のうえ、お問い合わせください。

・web からのお問い合わせ：上記アドレス内【正誤情報】へ
・郵便または FAX でのお問い合わせ：下記住所または FAX 番号へ
※電話でのお問い合わせはお受けできません。

［宛先］ **コンデックス情報研究所**
『いちばんわかりやすい！ 2級ボイラー技士合格テキスト』係
住　　所　〒359-0042　所沢市並木 3-1-9
FAX 番号　04-2995-4362（10:00 ～ 17:00　土日祝日を除く）

※ **本書の正誤以外に関するご質問にはお答えいたしかねます。**また、受験指導などは行っておりません。
※ ご質問の受付期限は、各試験日の 10 日前必着といたします。ご了承ください。
※ 回答日時の指定はできません。また、ご質問の内容によっては回答まで 10 日前後お時間をいただく場合があります。
あらかじめご了承ください。

■編著：コンデックス情報研究所
1990 年 6 月設立。法律・福祉・技術・教育分野において、書籍の企画・執筆・編集、大学および通信教育機関との共同教材開発を行っている研究者・実務家・編集者のグループ。

イラスト：ひらのんさ

いちばんわかりやすい！ 2級ボイラー技士 合格テキスト

2024年 2 月10日発行

編　著　コンデックス情報研究所（じょうほうけんきゅうしょ）
発行者　深見公子
発行所　成美堂出版
〒162-8445　東京都新宿区新小川町1-7
電話(03)5206-8151　FAX(03)5206-8159
印　刷　広研印刷株式会社

ISBN978-4-415-23360-4
落丁･乱丁などの不良本はお取り替えします
定価はカバーに表示してあります